AI⁺ 人工智能技术与应用丛书

人工智能导论

（通识版）

张大斌　田恒义　许桂秋 ◎ 主　编

吴晓伟　张亚妮　曲凤成　肖顺根 ◎ 副主编

U0277338

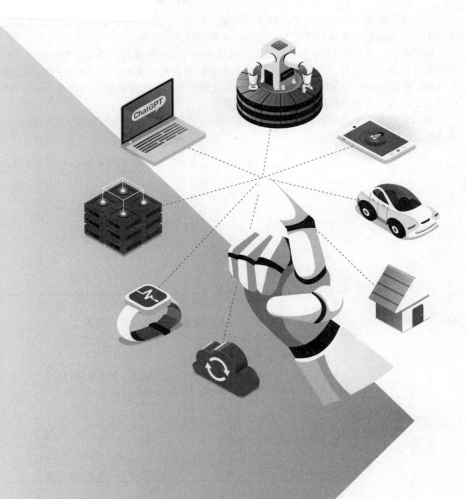

人民邮电出版社

北　京

图书在版编目（CIP）数据

人工智能导论：通识版 / 张大斌，田恒义，许桂秋

主编. -- 北京：人民邮电出版社，2024. --（人工智

能技术与应用丛书）. -- ISBN 978-7-115-64752-8

Ⅰ. TP18

中国国家版本馆 CIP 数据核字第 202411UH36 号

内 容 提 要

本书是一本全面介绍人工智能概念、发展、技术、产业应用、伦理与安全、风险治理政策与法律法规的通识类图书，力求培养读者对人工智能通识性和整体性的认知能力。

本书分为 4 篇，由 11 个项目组成，从应用性和实践性的角度介绍人工智能的相关概念和技术，并介绍人工智能在各行各业的应用。另外，本书还对人工智能的伦理与安全、风险治理政策与法律法规进行探讨。本书深入浅出，通过趣味性十足的导读案例引出对应主题，力求从应用的层面向读者介绍一个完整的人工智能全景图，让读者了解人工智能已经融入生活的方方面面。

本书适合作为高等院校的人工智能通识类课程的教材，也适合不具备人工智能及其交叉学科知识背景的读者阅读。

◆ 主　　编　张大斌　田恒义　许桂秋
　　副 主 编　吴晓伟　张亚妮　曲凤成　肖顺根
　　责任编辑　张晓芬
　　责任印制　马振武

◆ 人民邮电出版社出版发行　　北京市丰台区成寿寺路 11 号
　　邮编　100164　　电子邮件　315@ptpress.com.cn
　　网址　https://www.ptpress.com.cn
　　三河市君旺印务有限公司印刷

◆ 开本：787×1092　1/16
　　印张：11　　　　　　　　　　2024 年 8 月第 1 版
　　字数：241 千字　　　　　　　2024 年 8 月河北第 1 次印刷

定价：59.80 元

读者服务热线：(010)53913866　印装质量热线：(010)81055316
反盗版热线：(010)81055315

前言

随着人类科技和信息技术的快速发展，人工智能作为一种模拟人类智能的技术，正逐渐渗透到我们日常生活的各个领域。无论是智能语音助手、自动驾驶汽车，还是智能家居设备、医疗诊断工具，人工智能技术正在改变着我们的生活方式和思考方式。近年来，人工智能又迎来一波新的技术演变，多模态 Transformer、ChatGPT 大模型、AIGC 等应用越来越清晰地描绘出未来世界的图景，人工智能越来越呈现出"涌现"和"顿悟"的能力，极大地丰富了人类认知，辅助人脑思考，提高了生活质量。了解人工智能技术已成为现代人需要具备的一种基本素养，利用人工智能技术创造更多的机会和可能性。因此，我们编写了这本书，希望帮助读者全面、系统地了解人工智能通识内容，让读者熟悉人工智能的概念、关键技术、应用和发展趋势。

全书分为 4 篇，包含 11 个项目，深入浅出地介绍人工智能技术的整体框架和应用场景，并探讨人工智能的伦理与安全、风险治理政策与法律法规。我们在编写本书时考虑了通识性和综合性两方面，在每个项目开篇前都给出了相应的导读案例，逐步引出主题内容，力求以技术渗透讲解、以应用实例加深理解。每个项目末尾设置了习题，部分项目还设置了实验或讨论，帮助读者进一步加深理解。

认知篇包括 2 个项目。项目一走进人工智能，让读者快速了解什么是人工智能、人工智能的发展历史、发展现状、发展方向和趋势，为后面的学习做好准备。项目二了解人工智能，介绍人工智能基础内容（如三要素、技术体系等），以及基于大数据的人工智能技术。项目二还介绍了相关算法和落地项目实现过程，并对人工智能未来的发展进行展望。

前沿篇包括 4 个项目。项目三智能机器人，介绍智能体和多智能体、智能机器人的相关内容。项目四自动驾驶汽车，介绍自动驾驶的概念、人工智能在汽车行业中的应用，以及所面临的挑战与未来发展。项目五大模型，介绍大模型的概念、ChatGPT 的技术逻辑和特点，并引入文心一言的趣味案例，让读者直观地感受大模型的魅力。项目六 AIGC，介绍 AIGC 的基础内容和应用场景。

行业篇包括 3 个项目，从生活应用、商业应用、社会应用三方面着重讲述人工智能的相关应用。项目七人工智能的生活应用，介绍人工智能在电子商务、游戏、智能家居等方面的应用和发展前景。项目八人工智能的商业应用，介绍智能制造和智慧金融的基础内容、应用和发展前景。项目九人工智能的社会应用，介绍智慧城市、智慧教育、智慧医疗等社会方面的基础内容、应用和发展前景。

思考篇包括 2 个项目。项目十人工智能之伦理与安全，分析人工智能伦理和安全的概念、存在问题及其产生原因、治理和典型案例。项目十一人工智能之风险治理政策与法律法规，介绍国内外人工智能的风险治理政策和相关法律法规。

本书在作为高等院校的人工智能通识类课程的教材时，建议安排 32 课时。授课教师也可根据培养方案和学生需求选择相关内容。

由于我们的水平有限，以及人工智能技术发展迅速，因此书中难免存在疏漏和不足之处，我们在此恳请广大读者批评指正。

编者
2024 年 7 月

目录

·认知篇·

项目一　走进人工智能 ·············· 1

1.1　人工智能：重新定义我们的未来 ··············· 2

1.2　一波三折：人工智能发展的三次浪潮 ··············· 4

  1.2.1　第一次浪潮 ··············· 4

  1.2.2　第二次浪潮 ··············· 5

  1.2.3　第三次浪潮 ··············· 5

1.3　人工智能发展现状 ··············· 6

  1.3.1　人工智能行业发展现状 ··············· 6

  1.3.2　人工智能技术水平现状 ··············· 7

  1.3.3　我国人工智能发展实践 ··············· 9

1.4　人工智能的发展方向和趋势 ··············· 10

  1.4.1　人工智能应用七大发展方向 ··············· 10

  1.4.2　人工智能技术的发展趋势和挑战 ··············· 13

习题 ··············· 14

实验 ··············· 14

项目二　了解人工智能 ··············· 16

2.1　人工智能基础知识概述 ··············· 17

  2.1.1　人工智能概述 ··············· 17

  2.1.2　人工智能三要素 ··············· 18

  2.1.3　人工智能技术体系 ··············· 19

  2.1.4　人工智能应用开发 ··············· 20

2.2　基于大数据的人工智能技术 ··············· 21

  2.2.1　大数据的特征 ··············· 21

  2.2.2　人工智能与大数据技术 ··············· 22

  2.2.3　大数据的处理流程 ··············· 22

2.2.4 人工智能与大数据的结合与应用 ………………………………… 23
2.3 人工智能算法 ………………………………………………………………… 23
2.3.1 人工智能与算法 ……………………………………………………… 23
2.3.2 一元线性回归算法 …………………………………………………… 25
2.3.3 多元线性回归算法 …………………………………………………… 26
2.3.4 逻辑回归算法 ………………………………………………………… 27
2.4 人工智能落地项目的基本实现过程 ……………………………………… 29
2.4.1 特征工程 ……………………………………………………………… 29
2.4.2 定义模型 ……………………………………………………………… 29
2.4.3 训练模型 ……………………………………………………………… 29
2.4.4 模型测试与反馈 ……………………………………………………… 30
2.5 人工智能未来应用领域展望 ……………………………………………… 32
2.5.1 知识图库 ……………………………………………………………… 32
2.5.2 专家系统 ……………………………………………………………… 33
2.5.3 数字孪生系统 ………………………………………………………… 34
2.5.4 物联网实时控制系统 ………………………………………………… 35
习题 ……………………………………………………………………………… 36
实验 ……………………………………………………………………………… 36

· 前沿篇 ·

项目三 智能机器人 …………………………………………………………… 37
3.1 智能体 …………………………………………………………………………… 38
3.1.1 智能体的定义 ………………………………………………………… 38
3.1.2 智能体的特性 ………………………………………………………… 38
3.1.3 智能体的理解 ………………………………………………………… 39
3.1.4 智能体的实例 ………………………………………………………… 40
3.1.5 智能体代理的框架结构 ……………………………………………… 40
3.1.6 智能体的应用 ………………………………………………………… 41
3.2 多智能体 ……………………………………………………………………… 41
3.2.1 多智能体的定义 ……………………………………………………… 41
3.2.2 多智能体的应用 ……………………………………………………… 42
3.3 智能机器人 …………………………………………………………………… 43
3.3.1 智能机器人的分类 …………………………………………………… 43
3.3.2 智能机器人的结构 …………………………………………………… 43
3.3.3 智能机器人的研究方向 ……………………………………………… 44
习题 ……………………………………………………………………………… 44

项目四　自动驾驶汽车 ………………………………………………… 45

　4.1　什么是自动驾驶技术 ……………………………………………… 46

　　4.1.1　自动驾驶的概念 ……………………………………………… 46

　　4.1.2　自动驾驶系统的基本组成 …………………………………… 47

　4.2　人工智能在汽车行业中的应用 …………………………………… 48

　　4.2.1　感知系统 ……………………………………………………… 49

　　4.2.2　决策系统 ……………………………………………………… 53

　　4.2.3　执行系统 ……………………………………………………… 54

　4.3　人工智能在汽车行业中面临的挑战 ……………………………… 55

　习题 ……………………………………………………………………… 56

项目五　大模型 ………………………………………………………… 57

　5.1　什么是大模型 ……………………………………………………… 58

　5.2　ChatGPT 的技术逻辑和特点 ……………………………………… 60

　　5.2.1　技术逻辑 ……………………………………………………… 60

　　5.2.2　ChatGPT 的特点 ……………………………………………… 61

　5.3　ChatGPT/文心一言趣味案例 ……………………………………… 62

　习题 ……………………………………………………………………… 64

　实验 ……………………………………………………………………… 64

项目六　AIGC …………………………………………………………… 66

　6.1　AIGC 概述 ………………………………………………………… 67

　　6.1.1　什么是 AIGC …………………………………………………… 67

　　6.1.2　AIGC 的分类 …………………………………………………… 68

　　6.1.3　AIGC 的关键技术 ……………………………………………… 70

　6.2　AIGC 的应用场景 ………………………………………………… 71

　　6.2.1　AIGC 在传媒行业的应用 ……………………………………… 71

　　6.2.2　AIGC 在影视行业的应用 ……………………………………… 73

　　6.2.3　AIGC 在电商领域的应用 ……………………………………… 74

　习题 ……………………………………………………………………… 75

　实验 ……………………………………………………………………… 75

· 行业篇 ·

项目七　人工智能的生活应用 ………………………………………… 76

　7.1　人工智能+电子商务 ……………………………………………… 77

　　7.1.1　应用案例——智能客服机器人 ……………………………… 77

7.1.2 应用案例——智能推荐引擎 78

7.1.3 应用案例——库存智能预测 80

7.1.4 应用案例——货物智能分拣 80

7.1.5 应用案例——商品智能定价 82

7.1.6 发展前景 83

7.2 人工智能+游戏 85

7.2.1 发展历程 85

7.2.2 应用案例——合成语音 86

7.2.3 应用案例——内容审核 87

7.2.4 应用案例——人脸动画 87

7.2.5 应用案例——市场调研 89

7.2.6 发展前景 89

7.3 智能家居 92

7.3.1 什么是智能家居 92

7.3.2 智能家居的核心技术 93

7.3.3 应用案例——智能安防 93

7.3.4 应用案例——智能家电 94

7.3.5 应用案例——智能养老 95

7.3.6 发展前景 96

习题 99

实验 99

项目八 人工智能的商业应用 102

8.1 智能制造 103

8.1.1 智能制造概述 103

8.1.2 人工智能在智能制造中的作用 105

8.1.3 应用案例 107

8.1.4 发展前景 109

8.2 智慧金融 110

8.2.1 智慧金融概述 110

8.2.2 发展历程 110

8.2.3 应用案例 113

8.2.4 发展前景 115

8.2.5 影响与挑战 116

习题 117

实验 118

项目九　人工智能的社会应用 ……………………………………………… 120

　9.1　智慧城市 ………………………………………………………………… 121

　　9.1.1　智慧城市概述 ……………………………………………………… 121

　　9.1.2　应用案例——智慧交通 …………………………………………… 122

　　9.1.3　应用案例——智慧政务 …………………………………………… 123

　　9.1.4　应用案例——城市安全 …………………………………………… 125

　　9.1.5　发展前景 …………………………………………………………… 125

　9.2　智慧教育 ………………………………………………………………… 126

　　9.2.1　智慧教育概述 ……………………………………………………… 126

　　9.2.2　应用案例——智慧校园 …………………………………………… 127

　　9.2.3　应用案例——智慧教室 …………………………………………… 127

　　9.2.4　应用案例——校园安全智能管理 ………………………………… 128

　　9.2.5　发展前景 …………………………………………………………… 129

　9.3　智慧医疗 ………………………………………………………………… 130

　　9.3.1　发展历程 …………………………………………………………… 130

　　9.3.2　应用案例——远程医疗 …………………………………………… 130

　　9.3.3　应用案例——电子病历 …………………………………………… 131

　　9.3.4　应用案例——智能药物设计 ……………………………………… 133

　　9.3.5　发展前景 …………………………………………………………… 134

　习题 …………………………………………………………………………… 135

　实验 …………………………………………………………………………… 135

·思考篇·

项目十　人工智能之伦理与安全 …………………………………………… 138

　10.1　人工智能伦理 ………………………………………………………… 139

　　10.1.1　人工智能伦理的概念 …………………………………………… 139

　　10.1.2　人工智能伦理问题 ……………………………………………… 140

　　10.1.3　人工智能伦理问题产生的原因 ………………………………… 141

　　10.1.4　人工智能伦理的治理 …………………………………………… 142

　　10.1.5　人工智能伦理的典型案例 ……………………………………… 143

　10.2　人工智能安全 ………………………………………………………… 145

　　10.2.1　人工智能安全的概念 …………………………………………… 145

　　10.2.2　人工智能安全问题 ……………………………………………… 145

　　10.2.3　人工智能安全问题产生的原因 ………………………………… 146

　　10.2.4　人工智能安全的治理 …………………………………………… 147

　　10.2.5　人工智能安全问题的典型案例 ………………………………… 148

习题···150

项目十一　人工智能之风险治理政策与法律法规·······················152

11.1　国内外人工智能风险治理政策······························153

11.1.1　国外的人工智能风险治理政策······················153

11.1.2　我国的人工智能风险治理政策······················157

11.2　国内外与人工智能相关的法律法规··························159

11.2.1　国外与人工智能相关的法律法规····················159

11.2.2　我国与人工智能相关的法律法规····················160

习题···163

参考文献···164

项目一 走进人工智能

人工智能是一门跨学科领域，旨在研究和开发能够模拟、扩展和辅助人类智能的理论、方法、技术和应用系统。人工智能自产生以来，一直是非常热门的研究领域和发展方向，2023 年，以 ChatGPT 为代表的语言大模型的异军突起、生成式人工智能（Artificial Intelligence Generated Content，AIGC）大模型创造能力，刷新了人们对人工智能技术的认知，人工智能社会的雏形已经初现。

本项目的主要内容：

（1）人工智能的概念；

（2）人工智能的历史之三次浪潮；

（3）人工智能的发展现状；

（4）人工智能的未来趋势和走向。

导读案例

GPT-4 智能客服系统

要点： 某电商平台的智能客服系统采用 GPT-4 技术，实现了流畅对话、智能回复和引导、理解用户意图和情绪、根据情感需求提供个性化服务等功能。

GPT-4 是 OpenAI 开发的一种多模态模型，具有强大的自然语言处理能力，能够理解和生成高质量的自然语言文本，可应用于各种语言任务。GPT-4 的出现为智能客服领域带来了前所未有的机会和挑战。

某电商平台的智能客服系统采用 GPT-4 技术，通过自然语言交互，让用户快速获得问题的答案，大大缩短了用户的等待时间和问题的解决时间。GPT-4 能够根据用户的历史记录提供个性化的服务和建议，提升用户满意度；与客服人员协作，帮助他们快速查找问题的答案、共享知识和经验，提高团队协作效率。该电商平台的智能客服系统基于 GPT-4 实现了自动化的客户服务流程，提高了用户体验和服务质量。用户可以通过文字、语音、图片等多种方式与系统进行交互，快速完成咨询、下单、售后等流程。

OpenAI 的 GPT-4 给智能客服领域带来了巨大变革和价值提升。它改变了传统客服的交互方式和服务流程，提高了服务质量和效率。未来，随着 ChatGPT 技术的不断发展和完善，智能客服领域将进一步得到拓展和创新。

1.1 人工智能：重新定义我们的未来

人工智能似乎是科幻电影热衷探讨的话题。实际上人工智能是一个非常宽泛的领域，无论是无人机自动驾驶，还是手机上的指纹解锁、面部识别，都是人工智能的具体应用。人工智能在很多方面已经悄然融入大家的生活。

人工智能是计算机科学的一个重要分支，它试图揭示智能的本质，并用于一种能够以类似于人类智能的方式作出反应的智能机器或智能系统。

人工智能的研究涵盖机器学习、计算机视觉等多个方向。通过机器学习技术，计算机可以进行数据分析和模式识别，例如人脸识别、自然语言处理等。计算机视觉技术使机器具备了"看"和"听"的能力，让人工智能广泛应用于智慧城市、智慧教育、智慧医疗等领域。此外，人工智能还可以应用于金融、交通、制造等领域，提高这些领域的生产效率，优化资源配置，降低成本。

机器学习是人工智能的一个重要分支，它使计算机能够从过去的经验中学习并改进自己的算法。机器学习通过编程让计算机从大量数据中寻找规律和模式，利用这些规律和模式进行预测和决策。例如，计算机可以通过学习大量的股票数据和交易记录，分析股票市场的走势，预测未来的股票价格。同样地，机器学习也可以使计算机能够理解和生成人类语言。当前，大模型应用已经深入各个领域，其强大的理解和生成能力使人机交互更加自然流畅。在广告业务中，通过应用大模型，广告投放的精准度和效果得到了显著提升。此外，大模型还在智能机器人、自动驾驶等领域展现出巨大的潜力。

机器学习在其他领域也发挥了重要作用。例如，在智慧医疗领域，机器学习可以帮助医生进行疾病的诊断和治疗方案的制订。在环境保护领域，机器学习可以用于监测和预测气候变化、自然灾害等方面，帮助科学家更好地理解和解决环境问题。

人工智能的应用前景非常广阔，它将继续引领未来的科技革命和创新浪潮。随着技术的不断进步和应用场景的不断拓展，人工智能将在更多领域发挥重要作用。同时，我们也需要认真思考如何合理地使用人工智能技术，确保其在发展过程中遵守道德和法律规范，以实现可持续发展和人类的共同利益。

人工智能如今已不再是遥不可及的科幻概念，它已深入到人们的日常生活中，悄然改变着世界。从智能手机、自动驾驶汽车，到复杂的医疗诊断和金融预测，人工智能的影响无处不在，那么究竟什么是人工智能？

简单来说，人工智能是一门探索、开发和应用智能的新兴技术科学，旨在创造能模拟、延伸和扩展人类智能的智能机器和智能系统。这种智能机器和智能系统能像人一样思考、学习和作出决策。人工智能不仅是计算机科学的重要分支，更是未来科技发展的核心驱动力。现在的人工智能是一种基于大数据的智能，其三要素如图 1-1 所示。

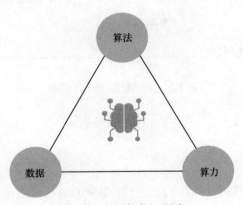

图 1-1　人工智能三要素

人工智能并非凭空出现，它的诞生和发展经历了漫长的过程。从最初的专家系统、机器人到深度学习和神经网络，再到大语言模型、智能体和具身智能，人工智能的每一次发展都凝聚了无数研究人员的智慧和努力。正是这些先驱者们的探索和创新，让人们站在了人工智能的新起点。

如今，随着大数据、云计算等技术的突破，人工智能的发展迎来了前所未有的机遇。ChatGPT 的成功、无人驾驶汽车的上路，以及人工智能在医疗、金融等领域的广泛应用，都证明了人工智能时代已经到来。

1.2 一波三折：人工智能发展的三次浪潮

回首过去，人们会发现人工智能的历史并非坦途。3次汹涌的发展浪潮背后，掩藏着2次低谷。这并不是偶然，而是人工智能发展的必经之路。人工智能的三次浪潮如图1-2所示。

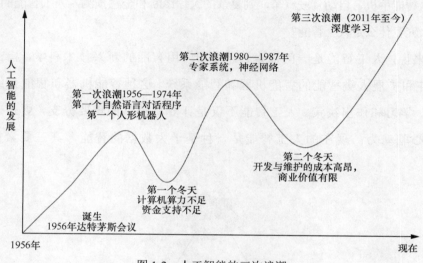

图 1-2　人工智能的三次浪潮

1.2.1　第一次浪潮

在 1956 年的达特茅斯会议后，人工智能迎来了第一次浪潮，这一浪潮持续至 1974 年。在这次浪潮中，研究人员思潮涌动，赋予了机器逻辑推理能力。随着"人工智能"这一概念的兴起，人们对人工智能的未来发展充满了无限的遐想，推动了人工智能的首次蓬勃发展。在这一阶段，人工智能主要应用于解决代数、几何等逻辑推理问题，并致力于学习和运用英语程序。20 世纪 60 年代，自然语言处理和人机对话技术的重大突破进一步提升了人们对人工智能的期待。

然而，受限于当时计算机算力的不足，加之美国政府于 1973 年停止了对缺乏明确目标的人工智能研究项目的资金支持，使得研发变现周期延长，人工智能步入第一次低谷。

1.2.2　第二次浪潮

1968 年，专家系统的出现使人工智能更加实用化。首个专家系统 DENDRAL 由美国斯坦福大学的计算机科学家费根鲍姆研发，它能够辅助化学家确定特定物质的分子结构。该系统首次定义了知识库，为第二次人工智能浪潮奠定了基础。进入 20 世纪 80 年代后，特定领域的专家系统逐渐得到广泛应用，利用领域内的专业知识来推导出问题的答案，提高了人工智能的实用性。这一时期，知识库系统和知识工程成为主要的研究方向。

然而，专家系统存在升级困难、维护成本高昂的问题，且其实用性仅限于特定领域，这导致人工智能再次面临发展瓶颈。1990 年，人工智能计算机 DARPA 项目的失败标志着人工智能第二次陷入低谷。尽管如此，同一时期的神经网络的提出为后续机器感知和交互能力的发展奠定了基础。

1.2.3　第三次浪潮

自 1993 年以来，新的数学工具、理论和技术的出现为人工智能带来了生机。深度学习技术推动了感知智能的发展。随着计算机算力的不断提升，人工智能技术得以快速迭代，进而促进了感知智能的成熟。人工智能与多个应用场景的结合，为产业带来了新的生机。2006 年深度学习算法的提出，以及 2012 年 AlexNet 在 ImageNet 大规模视觉识别竞赛中取得的优异成绩，直接推动了新一轮人工智能发展的浪潮。

2016 年，AlphaGo 打败围棋职业选手后，人工智能再次获得了空前的关注。

2017 年，谷歌发表了一篇论文，提出一个新的学习框架 Transformer。该框架可以让机器同时学习大量的文字，这比之前一个一个地学习文字的效率高很多，同时也使人工智能的性能有了质的飞跃。

2018 年，OpenAI 公司发布了第一个版本的生成式预训练模型 GPT-1。该模型是一种基于深度学习的语言模型，可以自动生成自然语言文本。GPT-1 采用了 Transformer 框架，可以对大量的文本数据进行预训练，从而学习到语言的语法和语义特征。

2019 年，OpenAI 公司发布了第二个版本的生成式预训练模型 GPT-2。这是一个性能更加强大的语言模型，具有更多的参数和更强的预测能力。GPT-2 可以生成更加自然、更加连贯的文本，其预训练模型也包含了更多的数据和知识。但是，由于担心 GPT-2 被滥用，OpenAI 公司只发布了部分模型和数据，并且限制了对该模型的访问和使用。

2020 年，OpenAI 公司推出了第三个版本的生成式预训练模型 GPT-3，这是一个大型的、非常强大的语言模型，拥有 1750 亿个参数，可以完成各种复杂的自然语言处理任务。GPT-3 可以生成高质量、逼真的自然语言文本，也可以进行多种类型的语言处理任务，如问答、翻译、摘要、生成等。

2022 年，OpenAI 公司发布了 ChatGPT-3，这是一个基于 GPT-3 的聊天机器人，可以进行自然、流畅的对话，并且可以回答各种类型的问题。ChatGPT-3 利用 GPT-3 强大的语言处理能力，实现了更加智能化、人性化的对话体验，可以应用于多个场景，如智能客服、语音交互、智能家居、金融投资等，具有非常广泛的应用前景。

2023 年，OpenAI 公司发布了下一代大语言模型 GPT-4，这是一种支持 ChatGPT 和微软必应等应用程序的人工智能大语言模型。OpenAI 公司表示，GPT-4 在许多专业测试中的表现超出了"人类水平"。相较于 ChatGPT 有了质的飞跃，GPT-4 的逻辑推理能力更强，语言能力更强。

从技术发展角度来看，前两次浪潮中人工智能的逻辑推理能力持续增强，运算智能逐渐成熟，智能能力由运算向感知方向拓展。目前，语音识别、语音合成、机器翻译等感知技术的能力已经接近人类智能水平。关于人工智能的未来，最令人兴奋的是它将不断变得更加善于理解和回应我们人类。

1.3 人工智能发展现状

1.3.1 人工智能行业发展现状

全球人工智能产业正在经历一个快速发展的阶段，市场规模和投资都在显著增长。技术的进步，尤其是机器学习和深度学习等先进算法的应用，正在推动人工智能技术的发展，并渗透到机器人、图像识别、自然语言处理等多个领域。人工智能产业链结构也日益成熟，上游包括硬件设备和数据服务，中游集中了人工智能的技术核心，下游则是人工智能的具体应用层面，涉及医疗、金融、零售等多个行业。

根据国外风投数据分析公司 PitchBook 的数据，全球人工智能领域在 2023 年上半年共计发生融资 1387 件，筹集融资金额达到 255 亿美元，平均融资金额为 2605 万美元。据不完全统计，2023 年全球 AIGC 产业融资超过了 1900 亿元，每个月都有该赛道的公司获得融资。这些信息表明人工智能领域继续受到投资者的高度关注和青睐，融资事件频发，资金规模庞大，为行业的进一步发展提供了强有力的资金支持。根据 IDC 发布的 2023 年 V2 版《全球人工智能支出指南》，2022 年全球人工智能 IT 总投资规模为 1288 亿美元，2027 年预计增至 4236 亿美元，五年复合增长率约为 26.9%。这些数据表明，全球人工智能市场正在持续增长，并且在未来几年继续保持强劲的增长势头。

我国和美国是全球人工智能技术领先的国家，形成了第一梯队。美国在人工智能融资和通用大模型方面全球领先，而我国在人工智能行业应用方面领跑全球。根据前瞻产业研究院发布的《中国人工智能行业发展前景预测与投资战略规划分析报告》，全球人工智能市场规模到 2030 年预计达到 1591.03 亿美元，2022—2030 年的复合年增长率为 38.1%。

政府的支持和政策推动是全球人工智能产业发展的重要驱动力。各地政府都在积极推动人工智能产业的发展，通过加强智能制造标准体系建设、鼓励各领域应用人工智能技术等措施来促进技术创新和产业发展。根据斯坦福大学"以人为本"人工智能研究所 HAI 发布的《2024 年人工智能指数报告》，2023 年产业界产生了 51 个著名的机器学习模型，而学术界只贡献了 15 个；对 AIGC 的投资较 2022 年增长了近 8 倍，达到 252 亿美元，可以看出资本市场对这一领域的高度认可和期待。

1.3.2　人工智能技术水平现状

1. 智能硬件

智能硬件的核心组件包括智能传感器和智能芯片。智能传感器，可类比为神经末梢的神经元，通过集成传统传感器、微处理器及相关电路，形成具备初级感知处理能力的独立智能单元。智能芯片则相当于人工智能的"中枢大脑"，具备高性能的并行计算能力和对主流人工神经网络算法的支持能力。当前，智能传感器有触觉、视觉、超声波、温度、距离等多种类型，智能芯片根据不同的应用场景和需求，可分为图形处理单元（Graphics Processing Unit，GPU）、现场可编程门阵列（Field Programmable Gate Array，FPGA）、专用集成电路（Application Specific IC，ASIC）、神经网络处理器（Neural Processing Unit，NPU）。

在智能硬件市场中，霍尼韦尔、博世集团（BOSCH）、ABB 等国际巨头企业在智能传感器领域布局广泛；我国则有如汇顶科技公司的指纹传感器、北京昆仑海岸科技股份有限公司的力传感器等产品，但整体布局相对集中。在智能芯片领域，国外的英伟达（NVIDIA）、谷歌、英特尔、IBM、高通等公司的产品如 GPU、张量处理单元（Tensor Processing Unit，TPU）、神经网络处理单元（Neural Network Processor，NNP）、视觉处理单元（Vision Processing Unit，VPU）、骁龙系列、Power VR 等广受认可；我国则有海思技术有限公司的麒麟系列、寒武纪公司的 NPU、地平线公司的分支处理单元（Branch Processing Unit，BPU），以及云知声公司的 UniOne 等产品。

2．计算机视觉技术

计算机视觉技术已初步具备类似人类对图像特征进行分级识别的视觉感知与认知机制，具有速度快、精度高、准确性高等诸多优势。这种技术能满足产业中对图像或视频内物体/场景的识别、分类、定位、检测、分割等功能需求，因此广泛应用于视频监控、自动驾驶、车辆/人脸识别、医疗影像分析、机器人自主导航、工业自动化系统、航空及遥感测量等多个领域。

我国计算机视觉领域的人工智能公司在技术探索和商业应用方面均已达到世界领先水平。例如，商汤科技公司为各大智能手机厂商提供人工智能+拍摄、AR 特效与人工智能身份验证等服务；旷视科技公司专注于视觉算法技术，在智慧城市、智慧商业等领域也有广泛应用；云从科技公司在金融、安防领域深耕，目前已成为金融领域第一大人工智能供应商；图普科技公司致力于图像识别的商业应用，主要聚焦在互联网内容审核、商业智能、泛安防这三方面。

3．智能语音技术

智能语音技术是一种能够实现文本或命令与语音信号之间智能转换的技术，主要包括语音识别和语音合成。语音识别类似于机器的听觉系统，通过识别和理解将语音信号转换为相应的文本或命令。语音合成则类似于机器的发音系统，使机器能够阅读相应的文本或命令，并将其转化为个性化的语音信号。由于智能语音技术可以实现人机语音交互、语音控制、声纹识别等功能，因此在智能音箱、语音助手等领域得到了广泛应用。

目前，智能语音技术在用户终端上的应用尤为热门。众多互联网公司纷纷投入大量人力和财力进行研究和应用，旨在通过语音交互的新颖和便捷方式吸引和占领客户群。在美国，苹果公司的 Siri、微软公司 PC 端的 Cortana、移动端的微软小冰和谷歌的 Google Now

等产品备受瞩目。而在我国，科大讯飞、云知声以及互联网巨头 BAT（百度、阿里巴巴、腾讯）等公司也在该领域进行了深入布局。

4．自然语言处理

自然语言处理涵盖了多个研究方向，其中包括自然语言理解和自然语言生成。自然语言理解致力于让计算机"理解"自然语言文本的思想和意图，而自然语言生成致力于使计算机能够用自然语言文本"表述"思想和意图。从实际应用的角度看，自然语言处理涵盖了机器翻译、舆情监测、自动摘要、观点提取、字幕生成、文本分类、问题回答、文本语义对比等诸多应用场景。

目前，众多成熟的技术应用产品已经问世。例如，美国的亚马逊、脸书（Facebook），我国的字节跳动等公司利用自然语言处理技术为旗下购物网站、社交平台提供产品评论、社区评论和内容主题分类与情感分析等功能。在翻译方面，谷歌、百度、有道等公司则提供经过深度智能升级的在线翻译服务。我国的科大讯飞、搜狗等公司也推出了随身多语言翻译器等产品。

在基础平台方面，美国有 Korea.ai、Lingumatics 等，我国有百度云、腾讯文智、语言云等。舆情检测系统方面的应用包括美国 Xalted 公司的 iAcuity、北京朝闻天下公司的 Wom-Monitor，以及总部位于上海的创略科技公司的本果舆情等。这些产品和服务的出现，不仅展示了自然语言处理技术的广泛应用，也推动了该技术的不断发展和进步。

1.3.3　我国人工智能发展实践

作为全球最大的互联网用户市场，我国为人工智能技术的研发和应用提供了海量的数据资源。这些丰富的数据不仅加速了人工智能算法的迭代和优化，还为人工智能技术的商业化应用提供了坚实的基石。

我国政府高度重视人工智能技术的发展，从中央到地方均制定了一系列政策和措施，以推动人工智能研究、应用和产业化。例如，《新一代人工智能发展规划》中提出了"到2030 年，人工智能理论、技术与应用总体达到世界领先水平，成为世界主要人工智能创新中心"的目标。

我国的如百度、阿里巴巴、腾讯等公司将人工智能技术视为核心竞争力，投入了大量资源进行研发和应用。诸如百度公司的 Apollo 无人驾驶平台、阿里云 ET 城市大脑、腾讯公司的人工智能就医助手等，都在各自的领域取得了显著成果。

与此同时，初创公司在人工智能领域也崭露头角。例如，商汤科技公司，在计算机视觉、语音识别、智能安防等领域取得了重要突破。这些初创公司不仅在国内市场表现出色，还积极拓展国际市场，与国际人工智能巨头公司展开竞争。

在教育方面，我国的高等院校也在加强人工智能领域的学术研究和人才培养。清华大学、北京大学、浙江大学等高校纷纷开设人工智能专业，成立人工智能学院或相关研究所，为人工智能产业培养优秀人才。

1.4 人工智能的发展方向和趋势

1.4.1 人工智能应用七大发展方向

方向 1：人工智能与云计算的深度融合

云计算是一种通过互联网向用户提供计算资源和服务的技术，使用户能够随时随地访问和使用数据与应用。它为人工智能提供了坚实的基础设施，使得处理海量数据、运行复杂算法以及实现高效分布式计算成为可能。随着云计算技术的不断演进和优化，人工智能将更加依赖云计算平台，达到提升性能、降低成本、增强可扩展性和安全性的目的。同时，人工智能也将为云计算带来新的价值和机会，如通过自动化、优化和智能化提高云计算服务的质量和效率，或通过创新云计算应用场景和模式来扩大市场。

例如，谷歌公司推出了一款名为谷歌云人工智能平台（Google Cloud AI Platform）的服务，为用户在谷歌云上构建、部署和管理人工智能项目提供了便捷的途径。用户可以通过该平台轻松进行数据的预处理，模型的训练、评估、部署和监控，而且这些操作均通过一个统一的界面完成。此外，谷歌云还为用户提供了丰富的预训练模型和自动化工具，以进一步加速人工智能开发进程。

方向 2：人工智能与物联网的广泛结合

物联网通过网络技术连接物理设备（如传感器和终端），以实现信息的交换和通信。物联网产生的庞大数据可被人工智能技术用于分析处理，进而实现设备与系统的智能化管理与优化。举例来说，通过人工智能技术，家里或办公室的温度、湿度、光照和空气质量等可进行自动调节，交通、物流、制造等应用场景中的车辆、货物和设备状态可进行实时监测和预测。同时，人工智能也为物联网带来新的功能和体验，如通过语音、图像或手势与物联网设备进行交互，以及通过个性化推荐和学习等方式提升物联网的服务质量。

例如，小米公司的智能音箱以其强大的智能家居控制功能而闻名。它支持语音交互，可以连接和控制小米生态链中的多种智能设备，如智能灯泡、扫地机器人等。同时，智能音箱还提供内容服务，例如播放音乐、有声书，查询天气等。

方向 3：人工智能与区块链的有机结合

区块链是一种分布式数据库技术，通过加密算法和共识机制确保数据的安全性、完整性和不可篡改性。它为人工智能提供了一个可信赖的数据共享和交换平台，促进了不同组织和领域间的数据协作和价值流通。例如，区块链可保护人工智能模型和算法的版权，激励创新，并追溯和验证人工智能生成的数据和结果。同时，人工智能也为区块链带来新的机遇，如通过机器学习和深度学习提升其性能和效率，以及通过自然语言处理和计算机视觉增强其可用性和易用性。

方向 4：人工智能与生物科技的创新结合

生物科技是一种利用生物学原理和技术进行研究与开发的技术，涉及基因、细胞、组织、器官等生命现象和机制。它为人工智能提供了灵感和模仿对象，使人工智能可学习具备生物系统的复杂性、自适应性和稳健性，例如，人们通过神经网络、进化算法和群体智能等手段，可以模拟和优化人类大脑认知、基因变异、昆虫协作等内容。同时，人工智能也为生物科技带来了新的工具和方法，如通过数据挖掘和知识发现提升生物信息学水平，或通过图像分析和模式识别提高医学诊疗效果。

DeepMind（深度思维）是一家专注于人工智能研究和开发的公司，曾推出成功击败世界围棋顶尖选手的人工智能程序 AlphaGo。近年来，DeepMind 公司将人工智能技术应用于生物科技领域，开发了 AlphaFold 程序，能准确预测蛋白质的三维结构，为生命过程研究和新药设计提供了有力支持。又如，中国科学家在蛋白质结构预测和新药研发领域取得了显著成就。复旦大学马剑鹏教授团队自主研发的"OPUS-"系列国产软件的性能处于全球领先地位。这些软件不仅提升了我国在生物信息学领域的自主创新能力，还成功构建了一个全链条的人工智能赋能新药研发平台，加速了药物发现和开发流程，提高了研发效率和成功率。

方向 5：人工智能与社会科学的密切结合

社会科学是研究人类社会现象和行为规律的科学，涵盖经济学、政治学、法学、心理学、社会学等多个学科。它为人工智能提供了新的理论和框架，使其能更深入地理解和适应人类社会的需求和规则，例如，利用博弈论、决策理论、行为经济学等方法，可以构建和预测人类决策和行为的模型；通过伦理学、法律学、哲学等手段，可以制定和遵守人工智能的道德和法律准则。同时，人工智能也为社会科学带来了新颖的视角和方法，如通过文本分析和情感分析提高社会舆论和公共政策研究水平，以及通过网络分析和社会网络分析等研究方式深化对社会结构和社会关系的研究。

OpenAI 公司发布的 GPT-4 能够根据用户输入的信息生成多种类型的输出，如文章、对话、摘要等。GPT-4 在多个社会科学领域得到广泛应用，为用户提供丰富的信息和服务，如新闻、教育、法律等。

方向 6：人工智能与艺术文化的多元结合

艺术文化是人类创造并传承的多样美感、价值观和思想观念，涵盖音乐、绘画、雕塑、文学、电影等领域。它为人工智能提供了新的表达和创造手段，使其能够更丰富地展现个性和风格，例如，利用生成对抗网络（Generative Adversarial Network，GAN）、神经风格迁移（Neural Style Transfer）等技术生成和变换音乐、绘画、文学等艺术作品；通过深度强化学习（Deep Reinforcement Learning）等技术和电影、游戏等娱乐作品互动。同时，人工智能也为艺术文化带来新的启发和挑战，如自然语言生成技术可以增强对人类语言和文化的理解，计算机视觉技术可以提升对人类美学和审美的认知。

方向 7：人工智能与人类自身的和谐结合

人类自身指有机体和个体的存在状态，涉及身体、心理、情感及意识层面。与人类自身的结合为人工智能的应用指明了新方向，使人工智能更好地满足人类需求。通过可穿戴设备、脑机接口、生物芯片，人类身体与大脑的能力得以增强和拓展。同时，情感计算、心理咨询、智能教育等手段支持并培养了人类心理和情感层面。此外，人工智能引导人类对自身有更深入的认识和反思，如通过超级智能、意识上传、数字化永生等方式实现人类智能和意识的超越与延续。在探索人工智能与人类未来关系方面，协作竞争、共生共存、友善互动等理念也发挥了重要作用。

埃隆·马斯克（Elon Musk）创立了一家名为 Neuralink（神经连接）的公司，该公司专注于开发植入式脑机接口设备。此设备允许用户通过无线方式与计算机或其他设备连接交流，有助于治疗神经系统相关疾病（如帕金森病），还能提升用户的认知能力，如记忆、注意力和创造力。

1.4.2　人工智能技术的发展趋势和挑战

1. 人工智能技术的发展趋势

随着技术的进步，人工智能在各个领域取得了显著成果。以下技术将成为人工智能的热门技术。

自然语言处理技术：近年来，该技术取得了显著进展，使得机器能够更深入地理解和生成自然语言。借助持续优化升级的模型，例如 GPT 系列，人工智能将进一步提升其在语言翻译、智能问答、文本生成等关键领域的应用效能。

计算机视觉技术：该技术正逐步优化，使人工智能系统能够更精确地识别图像和视频内容，有望推动医疗诊断、无人驾驶、视频监控等领域的应用发展。

强化学习技术：作为一种使智能系统通过与环境互动来学习和优化的技术，预计将在自动化决策、机器人技术、游戏智能等领域得到广泛应用。

边缘计算技术：随着边缘计算技术的演进，人工智能算法将更多地部署在本地设备上，以降低对云计算的依赖。这一转变将提升数据处理速度，减少时延，并强化隐私保护。

展望未来，人工智能技术将在以下几个方面取得重要突破。

通用人工智能：通用人工智能指具备人类智能水平和广泛适用能力的人工智能系统。2024 年 1 月，北京通用人工智能研究院研发的通用智能体“通通”正式亮相，这是全球首个通用人工智能体。“通通”拥有相当于 3、4 岁儿童的智力水平，以及和人类相似的价值观。在没有被指派具体任务时，它还能自发地在虚拟房间中探索、学习。

跨领域融合：人工智能技术将与其他科技领域（如生物技术、量子计算等）深度融合，共同开创前所未有的应用场景与发展契机。

可解释人工智能：为了增强公众对人工智能系统决策过程的理解，可解释人工智能将成为关键研究领域。这将有助于提升人工智能系统的可信度和可靠性，从而推动其更广泛的应用和接受度。

2. 人工智能技术的挑战

人工智能技术尽管正在快速发展，但仍然面临一些问题，具体如下。

数据安全与隐私：随着人工智能技术在各行业的广泛应用，数据安全和隐私保护问题日益凸显，成为重要议题。企业和研究人员在开发人工智能系统时，必须充分考虑这个问题，并采取措施确保数据的安全与合规性。

算法公平性：人工智能系统可能会放大现实生活中的偏见和歧视，从而导致不公平的结果。为了确保人工智能系统不会加剧社会不平等现象，企业和研究人员必须关注算法公平性，并采取措施加以保障。

人工智能伦理：随着人工智能技术的不断进步，如何保障人工智能系统的伦理行为和道德观念与人类价值观相契合，已成为亟待解决的问题。为此，学者、政府和企业需携手合作，共同探讨并制定人工智能伦理准则，以确保人工智能技术的健康发展与社会福祉。

技术普及和教育：为了扩大人工智能技术的受益范围，必须加大人工智能教育的推广力度，提升公众对人工智能的认知和技能水平。同时，降低人工智能技术的使用门槛，使其更加易于操作和应用，也是推动人工智能普及不可或缺的关键环节。

习　　题

1-1　什么是人工智能？什么是机器学习？

1-2　简述人工智能发展的三次浪潮。

1-3　现在人工智能产业技术到达了什么样的水平？

1-4　简述人工智能的七大发展方向。

1-5　人工智能技术面临的问题是什么？人工智能技术的发展趋势是什么？

实　　验

1．实验主题

申请百度的文心一言账号，并学习用文心一言解决实际问题。

2．实验说明

随着人工智能技术的不断发展和应用，ChatGPT、文心一言、通义千问等自然语言大模型（以下简称大模型）已经走进人们的工作和生活，它们不仅能够理解自然语言，还能够模拟人类的思维模式和语言表达方式。它们除了能够回答用户提出的问题，提供相关的信息外，还具备学习能力，通过与用户的对话，能够不断提高自己回答的质量和准确性。无论是学业、工作，还是日常生活中的各种问题，大模型都能提供准确、快速和个性化的帮助，因此，读者可以用它提高学习/工作效率，提升解决问题的能力。

3．实验内容

申请文心一言的（免费）账号，按照如下内容设计问题（需要有明确的范围和定义），并对文心一言给出的结果进行分析。

（1）完成一个检索文献和查找学习资料任务，比如：请提供一些大模型参考文献，或者我想自学 Python，请给我推荐一些图书和文章。

（2）制定学习计划，比如：我想自学 Python，请给出一个 2 周的学习计划，并给出每天的学习内容和知识点。

（3）生成知识点的练习题，比如：生成一套信息技术应用的练习题和答案，或者相关课程习题的答案。

（4）写信/写报告，比如：请写一份给××大学的夏令营申请信，请撰写一份国潮服饰消费者画像报告。

4．提交文档

根据以上实验内容，撰写一份 Word 格式的报告文档，并结合自身的使用感受，思考如何使用文心一言解决生活或工作中碰到的问题。

项目二　了解人工智能

随着智能社会的到来，人工智能的应用已经渗透到人们日常生活的各个方面，诸如汽车、制造业、电子商务、娱乐等行业处处可见人工智能的影子。人工智能也在许多专业领域发挥着重要作用，如自然语言翻译、医学诊断、无人驾驶、智能家居等。

人工智能在生产生活中的各个领域的应用越来越广泛，也正在以一种前所未有的方式驱动社会的进步。未来，人工智能将成为重要的生产力和创新力，推动经济、科技、文化等领域的快速发展。

本项目的主要内容：

（1）人工智能基础知识概述；

（2）数据技术基础上的人工智能技术；

（3）人工智能基本算法概述；

（4）人工智能落地项目的基本实现过程；

（5）人工智能未来应用领域展望。

导读案例

随时随地可用的人工智能

要点： 在万物互联时代，人工智能技术已经深入各个领域，为人们的生活和工作带来了巨大便利。

随着互联网的普及和智能技术的发展，越来越多的人开始使用智能手机。智能手机具有许多人工智能应用，例如语音识别、图像识别、智能推荐、自动翻译等。

语音识别技术可以让用户通过语音输入文字信息，这大大提高了信息的输入速度。图像识别技术可以帮助用户快速准确地识别物品等，方便进行搜索、分类和管理等操作。智能推荐技术可以根据用户的历史记录和偏好，推荐符合其兴趣爱好的商品、新闻、音乐等。自动翻译技术可以帮助用户在不同语言环境下进行无障碍交流，解决了跨国旅行、商务合作等过程中的语言障碍问题。

人工智能应用程序可以帮助用户管理个人信息、交通出行、健康医疗等方面的事务。个人助手应用程序可以记录用户的日程安排、提醒事件、备忘信息等，提高工作和生活效率。交通出行应用程序可以提供实时交通信息、路线规划、打车等服务，方便用户出行。健康医疗应用程序可以记录用户的健康数据，提供健康咨询、预约挂号等服务，帮助用户关注和管理自己的健康。

2.1 人工智能基础知识概述

2.1.1 人工智能概述

人工智能的目的是模拟、延伸和扩展人类智能，使机器能够胜任一些通常需要人类智能才能完成的复杂工作。要理解人工智能的含义，就要先搞清楚什么是智能。那么，什么是智能？

图 2-1 展示了智能的定义与内容。简单来说，智能是在具有一定知识积累的前提下，有目的性地感应、思考（知识）与作出反应（行为）。

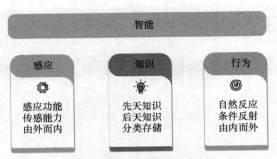

图 2-1 智能的定义与内容

什么是人工智能？学术界一般认为，人工智能是一门研究、开发用于模拟、延伸和扩展人的智能的理论、方法、技术及应用系统的技术科学。人工智能的目的是让机器能够像人一样感知事物、学会思考、学会学习。根据不同的应用场景，人工智能可以分为弱人工智能和强人工智能。弱人工智能专注于解决特定领域的问题，强人工智能则具备全面的认知能力，能在多种领域胜过人类。目前，人工智能处于弱人工智能阶段。

2.1.2　人工智能三要素

人工智能产业技术的三要素是算法、算力（计算能力）、数据（信息大数据），这 3 个要素也是人工智能企业角力的三大方向。如果把人工智能比喻为一艘设计精密的飞机，那么这三要素具有如下关系。

数据：飞机的燃料，人工智能需要从大量数据中进行学习，为算法提供需要的经验知识模板。大量的数据是人工智能算法训练必备的、不可或缺的基础。

算力：在有效时间内严格执行算法的指令，为飞机提供前进的动力。数据高速积累、算法不断优化与改进，这也对算力（计算能力）提出了更高要求。

算法：飞机的控制中心，接收并发布指令，将燃料（数据）转化为最终的动力（算力），指挥飞机按照既定的方向高速前进。目前所提到的算法一般指机器学习算法，尤其是深度学习算法。

提到算法与深度学习，就要知道机器学习的概念。机器学习是一门多领域交叉学科，涉及概率论、统计学、逼近论、凸分析、算法复杂度等多种理论。而深度学习是一种实现机器学习的核心技术，能够使机器学习实现众多应用，并拓展人工智能的应用范围。从图 2-2 中可以看出，机器学习是人工智能的实现手段，深度学习是一种实现机器学习的技术或者方法。

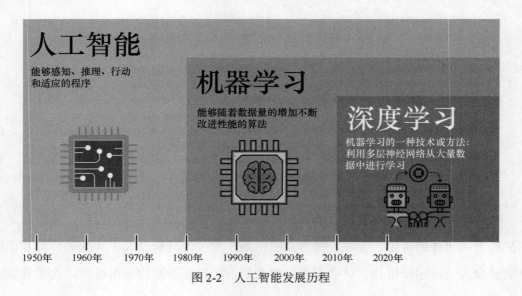

图 2-2　人工智能发展历程

2.1.3　人工智能技术体系

从人工智能的发展历史来看，人工智能技术体系可分为：知识推理体系和以机器学习为主要手段产生结果的经验知识模板生成体系。

知识推理体系是研究如何表示、获取和运用知识的体系，涉及多种逻辑和推理方法。知识表示涉及如何将知识转化为计算机能够理解的形式，知识推理指从已有的知识中推导出新的知识，二者是人工智能的核心，为机器提供了学习和理解知识的能力。

现阶段的人工智能技术体系，更多的是以机器学习为实现手段的经验知识模板生成体系，即从既有数据当中提取数据模型与规则。如图 2-3 所示，当前人工智能技术体系可以分成 3 层，包括 AI 基础层、AI 技术层、AI 应用层，具体如下。

AI 基础层：包括硬件、算力、存储等。

AI 技术层：将机器学习和深度学习算法应用于 3 种技术，即自然语言处理技术、计算机视觉技术和大数据处理技术。算法是技术应用的基础。

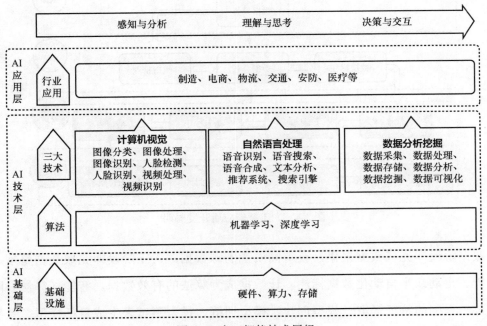

图 2-3　人工智能技术层级

在自然语言处理应用方面，当前以大模型为背景的 ChatGPT，其实质是一种自然语言处理工具，可以生成语言文本，并能够回答问题、生成文章、进行对话。

在计算机视觉应用方面，人工智能技术通过多个隐藏层训练模型。

在大数据应用方面，人工智能涉及数据采集、数据处理、数据存储、数据分析、数据挖掘、数据可视化等技术。

AI 应用层：涉及制造、电商、物流、交通、安防、医疗等行业场景，通过使用人工智能技术来解决行业中的问题，提高生产效率。

2.1.4　人工智能应用开发

人工智能的应用需要数据、场景与工程技术能力的紧密结合，从场景应用价值、技术标准建设、产品综合性能、安全与隐私等方面综合考虑。

为了实现用户只需要告诉计算机要"做什么"，无须说明"怎么做"，计算机就可自动实现程序的设计这一目标，人工智能应用的开发周期可以分为：数据、人工、智能（算法）和系统化 4 层，如图 2-4 所示。

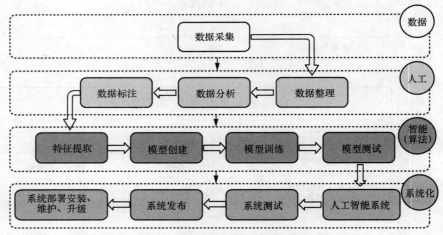

图 2-4　人工智能应用开发周期

数据阶段即完成数据采集，获得高质量的源数据。人工阶段即完成数据整理、数据分析、自动或半自动化数据标注，让数据成为算法的有效数据。智能（算法）阶段即通过一系列的特征提取、模型创建、模型训练、模型测试来生成目标模型。系统化阶段即完成人工智能系统的生成和测试，之后进行系统发布及部署安装、维护、升级。总之，人工智能的应用是一个复杂的过程，需要经过多个阶段部署、反复迭代以及优化，这其中的每个阶段都需要精细的规划和执行，才可确保最终的人工智能应用程序能够满足用户的需求，并具有更好的性能。

2.2 基于大数据的人工智能技术

2.2.1 大数据的特征

大数据已成为人工智能的动力之源，数据的规模和丰富程度对人工智能模型的训练尤为重要。大数据具有的"4V"特征如图 2-5 所示，具体如下。

图 2-5 大数据的特征

数据量大（Volume）：大数据的起始计量单位有拍字节（PB，1 PB = 1024TB）、艾字节（EB，1 EB = 1024 PB ≈ 10^6TB）或泽字节（ZB，1 ZB = 1024 EB ≈ 10^{10}TB），未来甚至会出现尧字节（YB，1 YB = 1024 ZB）或 BB（1 BB = 1024 YB）。

数据多样（Variety）：大数据类型繁多，如网络日志、音频、视频、图片、地理位置等。这些数据包括结构化、半结构化和非结构化等数据。

价值密度低（Value）：大数据价值密度的高低与数据总量的大小成反比。

数据的产生和处理速度快（Velocity）：大数据的智能化和实时性要求越来越高，对数据的处理速度也有极严格的要求，一般要在秒级时间范围内给出分析结果，否则数据可能失去价值，即大数据的处理要符合"1 秒定律"。

大数据计算具有"近似处理、增量计算、多源归纳"3 个属性，我们称之为"3I"

特征。

第一个"I"是 Inexact（非精确），包括两个层面。第一个层面是很多计算本身并不需要那么精确，往往只需要知道一个大的方向和态势；另一个层面是所面临的环境没有办法做得那么精确，因为数据在不断变化，新的数据不断产生。在满足应用需求的前提下，降低结果的精度可能会换取更快的处理速度和更小的计算开销。但是，坚持非精确的思路并不意味着随便去做，而是仍然需要对质量做最基本的保证。

第二个"I"是 Incremental（增量性）。这个特征和大数据的动态持续变化紧密相关。数据是持续变化的，新来的数据占数据总量的比例很小，如果能够把计算变得增量化，只针对新产生的数据作计算，并以可接受的计算代价把计算结果融合到已有的计算结果中，那么这在一定程度上能实现"将大数据变小"，提高大数据计算的能力。但是，计算增量化不仅要求计算框架有特殊的支持，而且对算法本身有一些要求，例如一些问题适合作增量处理，而一些算法并不一定适合。从这个角度来看，可能要运用一些新的思想和方法来设计支持增量计算的算法，同时实现大规模的分布式计算系统对增量计算的支持。

第三个"I"是 Inductive（归纳性）。大数据是多源融合的数据，这些数据代表了现实世界，代表了统计学上所谓的"总体"。从这个角度来看，如果能够把来源不同的数据相互参照，不但可以弥补所关注的维度数据稀疏的问题，同时还可以在一定程度上控制非精确计算所带来的误差，帮助控制解的质量。

2.2.2　人工智能与大数据技术

从大数据的角度来看，大数据需要通过人工智能来完成数据价值化过程，尤其是数据分析过程。

2.2.3　大数据的处理流程

（1）数据采集

数据采集指从传感器或智能设备、企业系统、社交网络等平台获取数据的过程。

（2）数据预处理

数据预处理负责将分散的、异构数据源中的数据进行清洗、转换、集成，并加载到数据仓库或数据库中。

（3）数据存储及管理

分布式文件系统将要存储的文件按照特定的策略划分成多个片段，并分散存储在系统中的多台服务器上。

（4）数据分析及挖掘

简单的统计分析可以帮助人们了解数据。如果人们希望对大数据进行更深层次地探索，则需要使用基于机器学习的数据分析方法。

（5）数据可视化

数据可视化通过将数据转化为图的形式，以帮助用户更有效地完成数据的分析，掌握相关结论。

2.2.4　人工智能与大数据的结合与应用

人工智能需要从大量数据中进行学习。丰富的数据集是人工智能算法与深度学习训练必备的、不可或缺的基础。

大数据是人工智能的基石，机器视觉和深度学习主要建立在大数据的基础上，即对大数据进行训练，从中归纳出可以被计算机运用在类似数据上的知识。

通过分析大量的数据集，人工智能可以识别出人类可能难以察觉的模式和数据间的关联。数据的多样性和质量直接影响人工智能模型的准确性。丰富的数据集可以帮助模型更好地泛化，从而在新的数据上有更好的表现。大量的数据可以帮助模型优化算法参数，通过训练和验证过程来找到最佳的模型配置。随着数据的不断积累，人工智能模型可以不断学习，使性能得到提高。对于推荐系统等应用，丰富的数据可以帮助人工智能更好地理解用户偏好，能提供个性化的服务和推荐。

2.3　人工智能算法

2.3.1　人工智能与算法

机器学习的流程如图 2-6 所示。

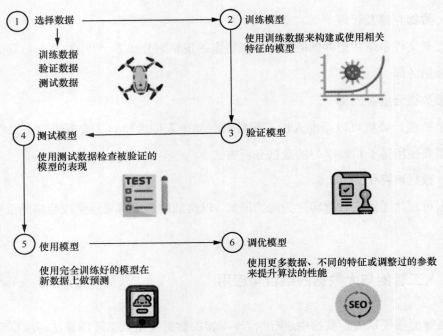

图 2-6　机器学习的流程

机器学习算法：机器学习算法是从数据中自动分析获得规律（模型），并利用规律对未知数据进行预测。

机器学习原理如图 2-7 所示。

机器学习算法涉及的相关概念如下。

特征：其本意为事物异于其他事物的特点，在机器学习中表示样本的属性。

标签：表示样本数据对应的结果信息。

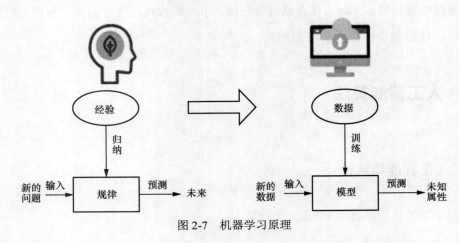

图 2-7　机器学习原理

无监督学习利用无标签的数据学习数据的分布或数据与数据之间的关系。典型无监督学习算法有 K 均值聚类算法、谱聚类算法及主成分分析算法。

通过有标签的训练数据来推断一个功能的机器学习任务称为监督学习，监督学习的数据集中同时包含特征值和标签值。常用的监督学习算法有回归算法、K-近邻算法、推荐算法等。

监督学习算法与无监督学习算法的区别在于监督学习必须有训练集与测试样本，下面以推荐算法为例进行说明。

经常使用的购物、短视频等 App 会推荐一些相关的产品或者视频给用户，那么服务器是如何做到把商品精准地推荐给可能购买的用户呢？如果以有购买需求的用户为最终的推荐目标，那么用户是否购买就可以作为一个标签（已购买/未购买）。已购买的用户将是商品最应该被推荐的那一类用户。

例如，我们想将一款运功型饮料推送给用户，已知 5 名用户的信息如表 2-1 所示。

表 2-1　5 名用户的信息

用户编号	特征			标签
	性别	年龄/岁	是否经常运动	
1	男	23	是	已购买
2	男	28	是	已购买
3	男	26	是	已购买
4	男	29	是	已购买
5	女	26	否	未购买

通过表 2-1 可以知道，编号为 1～4 的用户经常运动，他们已经购买运动饮料。据此，我们可以将用户分类为两类：（年轻男性，经常运动）、（年轻女性，不常运动）。当遇到新客户时，服务器可以根据这个分类选择是否推荐这款饮料。

2.3.2　一元线性回归算法

当线性回归分析中只包括一个自变量和一个因变量，且二者的关系可用一条直线近似表示，这种回归分析称为一元线性回归。

一元线性回归算法的实现就是求解这条拟合直线的过程，假设这条直线的表达式如式（2-1）所示。

$$Y = WX + b \tag{2-1}$$

其中，Y 表示预测值；W 表示直线的斜率；$X = (x_1, x_2, \cdots, x_n)$，表示 n 个输入变量；b 表示直线的截距。为了获得 W 和 b 的最佳估计值，使预测值最接近真实值，拟合直线应满足全部真实值与对应的预测值的距离差平方和最小这个条件。损失函数也称为代价函数或目标函数，用于衡量当前模型预测值与实际观测值之间的差异。在一元线性回归中，常用的损失函数是均方误差。通过最小化损失函数，我们可以找到最佳的模型参数 W 和 b，使得模型的预测值尽可能地接近实际数据。损失函数如式（2-2）所示。

$$\sum_{i=1}^{n}(y_i - y_i')^2 = \sum_{i=1}^{n}(y_i - (Wx_i + b))^2 \tag{2-2}$$

其中，n 表示样本的数量，y_i' 表示第 i 个预测值，y_i 表示第 i 个真实值，x_i 表示第 i 个输入变量。

我们通过最小化误差的平方和来寻找数据的最佳函数匹配。令损失函数的导数为 0，便可得出回归系数，如式（2-3）和式（2-4）所示。

$$W = \frac{n\sum x_i y_i - \sum x_i \sum y_i}{n\sum x_i^2 - \left(\sum x_i\right)^2} \tag{2-3}$$

$$b = \frac{\sum y_i}{n} - W\frac{\sum x_i}{n} \tag{2-4}$$

将式（2-3）和式（2-4）代入式（2-1），便可得到拟合直线。

2.3.3 多元线性回归算法

如果线性回归分析中包括两个及以上的自变量，且因变量和自变量之间是线性关系，这种回归分析则称为多元线性回归。多元线性几何描述是 n 维空间中的一个平面。如式（2-5）所示。

$$h_\theta(x) = \theta^{\mathrm{T}} x^{\mathrm{T}} \tag{2-5}$$

其中，θ^{T} 表示 n 维参数向量矩阵，x^{T} 表示 n 维样本。与一元线性回归损失函数类似，多元线性回归分析计算预测值与真实值距离差也是使用均方误差形式，如式（2-6）所示。

$$J(\theta_0, \theta_1, \cdots, \theta_n) = \frac{1}{2n}\sum_{i=1}^{n}(h_\theta(x_i) - y_i)^2 \tag{2-6}$$

其中，n 表示样本数量，$h_\theta(x_i)$ 表示第 i 个预测值，y_i 表示第 i 个真值。

多元线性回归分析比一元线性回归分析的参数复杂得多，需要采用更快速且有效的求解方法——梯度下降法，其示意如图 2-8 所示。

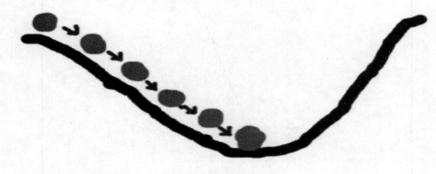

图 2-8　梯度下降法示意

梯度下降法的求解步骤如下。

步骤 1：确定当前位置的损失函数的梯度。对于 θ_i，其梯度如式（2-7）所示。

$$\frac{\partial}{\partial \theta_i} J(\theta_0, \theta_1, \cdots, \theta_n) \tag{2-7}$$

步骤 2：用步长 α 乘以损失函数的梯度，得到当前位置下降的距离为 $\alpha \dfrac{\partial}{\partial \theta_i} J(\theta_0, \theta_1, \cdots, \theta_n)$。

步骤 3：确定 $\theta_i(i = 0, 1, \cdots, n)$ 梯度下降的距离是否都小于某个值 ε。如果小于则算法终止，当前 θ_i 即为最终结果，否则执行步骤 4。

步骤 4：更新 θ_i，更新表达式如式（2-8）所示。更新后执行步骤 1。

$$\theta_i = \theta_i - \alpha \frac{\partial}{\partial \theta_i} J(\theta_0, \theta_1, \cdots, \theta_n) \tag{2-8}$$

2.3.4　逻辑回归算法

逻辑回归算法可以从大量的样本数据中拟合出一个最佳边界分隔面，将样本集分为两类。式（2-9）所示的 Sigmoid 函数非常适合作为预测函数，其曲线图像如图 2-9 所示。

$$S(x) = \frac{1}{1 + \mathrm{e}^{-x}} \tag{2-9}$$

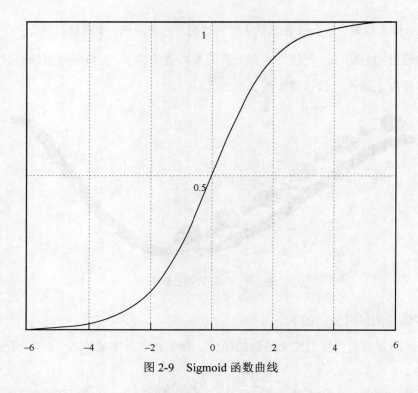

图 2-9　Sigmoid 函数曲线

现在我们需要把输入特征和预测函数结合起来，联想到线性回归函数的预测函数 $\theta_0 + \theta_1 x_1 + \cdots + \theta_n x_n = \boldsymbol{\theta}^{\mathrm{T}} \boldsymbol{x}$，可以得到逻辑回归预测函数如式（2-10）所示。

$$h_\theta(\boldsymbol{x}) = S(\boldsymbol{\theta}^{\mathrm{T}} \boldsymbol{x}) = \frac{1}{1 + \mathrm{e}^{-\boldsymbol{\theta}^{\mathrm{T}} \boldsymbol{x}}} \tag{2-10}$$

逻辑回归原理示意如图 2-10 所示。

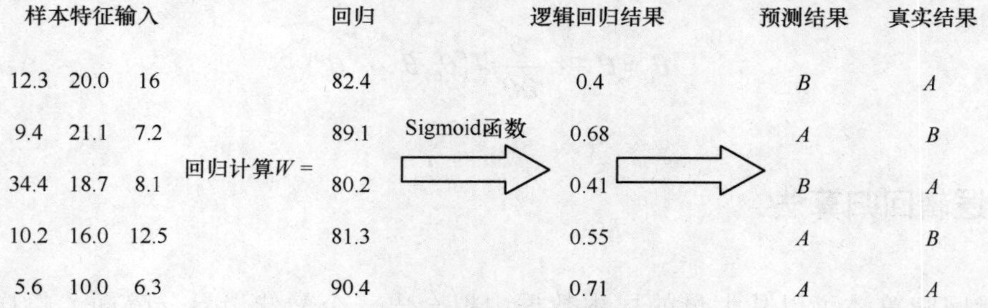

样本特征输入			回归	逻辑回归结果	预测结果	真实结果
12.3	20.0	16	82.4	0.4	B	A
9.4	21.1	7.2	89.1	0.68	A	B
34.4	18.7	8.1	80.2	0.41	B	A
10.2	16.0	12.5	81.3	0.55	A	B
5.6	10.0	6.3	90.4	0.71	A	A

回归计算 $W=$　　Sigmoid函数

图 2-10　逻辑回归原理示意

逻辑回归的损失称为对数似然损失，其表达式如式（2-11）所示。

$$\mathrm{cost}(h_\theta(\boldsymbol{x}), \boldsymbol{y}) = \sum_{i=1}^{n} \left[-y_i \log(h_\theta(x_i)) - (1 - y_i) \log(1 - h_\theta(x_i)) \right] \tag{2-11}$$

其中，y_i表示真实结果，$h_\theta(x_i)$表示预测结果。

为了使损失降到最低，我们可以采用和线性回归类似的方法，即使用梯度下降法来求解逻辑回归模型参数。

2.4　人工智能落地项目的基本实现过程

人工智能落地项目涉及多个步骤，这些步骤是构建有效人工智能模型的基础。简单地说，人工智能包括特征工程、定义模型、训练模型、模型的测试与反馈等步骤。

2.4.1　特征工程

特征工程是使用专业背景知识和技巧来处理数据，使特征能在机器学习算法上发挥更好的作用的过程，一般包括特征提取、特征预处理、特征降维。

2.4.2　定义模型

在机器学习中，模型指一种数学函数，它能够将输入数据映射到预测输出。模型是机器学习算法的核心，通过学习训练数据来自适应地调整模型参数，以最小化预测输出与真实标签之间的误差。机器学习中的模型可以分为线性模型、集成模型、神经网络模型、支持向量机模型等类型，它们适用于不同类型的数据和问题。

2.4.3　训练模型

模型的训练过程是使用优化器求解损失函数最小值的过程，通过最小化损失函数得到模型每个参数的最优值。得到参数最优值也就意味着确定了最优模型。

在模型训练中，损失函数的作用是衡量模型的预测值和真实值之间的误差，优化器的作用是提供找到损失函数最小值的方向。优化器以最小化损失函数为目标，决定每个模型参数在下一次迭代中应该增大还是减小，使各个模型参数经过多次迭代后稳定到最优值。常用的优化器有 Adagrad、Adadelta、RMSprop、Adam 等。

2.4.4 模型测试与反馈

模型评估指标是用来衡量机器学习模型性能好坏的指标。不同类型的模型使用不同的评估指标，例如分类问题常用的评估指标主要包括正确率、精确率、召回率，回归预测模型常用的评价指标主要包括均方误差、平均绝对误差。

表 2-2 展示了模型评估示例。模型评估中预测结果的含义具体如下。

表 2-2　模型评估示例

真实结果	预测结果	
	真正例	假负例
真正例	TP	FN
假负例	FP	TN

TP：True Positive，真正例，表示实际为正例且被正确预测为正例的样本数量。

FN：False Negative，假负例，表示实际为正例但被预测为负例的样本数量。FN 反映了模型对正样本的漏检情况，即未能正确识别出实际的正例。

TN：True Negative，真负例，表示实际为负例且被正确预测为负例的样本数量。TN 反映了模型对负样本的识别能力，即能够正确地将负样本预测为负例。

FP：False Positive，假正例，表示实际为负例但被预测为正例的样本数量。FP 反映了模型对负样本的误检情况，即错误地将实际为负例的样本预测为正例。

正确率：表示模型正确预测的样本数量所占预测样本总量（total）的比例，其表达式如式（2-12）所示，一般来说正确率越高，模型性能越好。

$$Accuracy = \frac{TP+TN}{total} \tag{2-12}$$

精确率：正确预测为正例的样本数量占所有预测为正例的样本总量的比例，其表达式如式（2-13）所示。

$$Precision = \frac{TP}{TP+FP} \tag{2-13}$$

召回率：所有真实为正例的样本中被判定为正例的样本所占的比例，其表达式如式（2-14）所示。

$$Recall = \frac{TP}{TP + FN} \tag{2-14}$$

F1 分数：是精确率和召回率（Recall）的调和平均，体现了模型的稳健性，其表达式如式（2-15）所示。

$$F1 = \frac{2 \times Precision \times Recall}{Precision + Recall} \tag{2-15}$$

对于机器模型来说，精确率、召回率和 F1 分数越大，模型性能越好。

AUC：Area under ROC Curve，表示 ROC 曲线下方面积，ROC 曲线即受试者工作特征曲线，如图 2-11 所示，其中，纵坐标表示负正类率 TPR，FPR=FP / (FP + TN)。ROC 曲线越靠近左上角，模型分类的准确度越高。

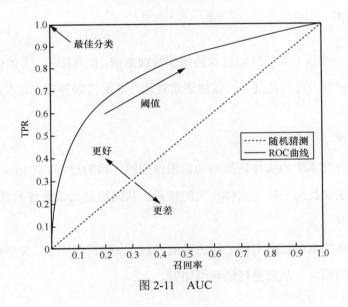

图 2-11　AUC

AUC 的取值具体如下。

AUC = 1：模型是完美分类器。采用这个模型时，不管设定什么阈值，都能得出完美预测。绝大多数的预测场合不存在完美分类器。

0.5 < AUC < 1：模型优于随机猜测。这个模型（分类器）若妥善设定阈值，将具有预测价值。

AUC = 0.5：模型跟随机猜测一样（如丢铜板）。这个模型没有预测价值。

AUC < 0.5：模型比随机猜测还差。但只要总是反预测而行，这个模型将优于随机猜

测模型。

依据模型评估指标，模型测试的结果会被反馈给模型生成的各个阶段，在特征工程阶段用于检查生成选项的有效性，在模型定义阶段用于评估模型定义的合理性，在训练模型阶段用于确定模型参数是否最优。

更进一步，如果数据本身的质量难以达到模型设计的最终要求，则在数据采集、测点布控阶段可对数据采集对象的有效性提出有效的改进建议。

2.5 人工智能未来应用领域展望

2.5.1 知识图库

知识图库是一种基于人工智能技术的知识管理系统，使用图谱、实体链接、关系抽取、属性填充、知识推理、可视化展示、自然语言处理、语义搜索等技术，实现知识的结构化管理和高效利用。

（1）实体链接

实体链接是将文本中的实体链接到知识图谱中的实体的过程。在知识图库中，实体链接可以帮助用户快速找到与特定实体相关的信息，从而提高知识管理的效率。

（2）关系抽取

关系抽取是从文本中提取实体之间关系的过程。在知识图库中，关系抽取可以帮助用户理解实体之间的联系，从而更好地利用知识。

（3）属性填充

属性填充是为知识图库中的实体和关系添加属性的过程。在知识图库中，属性填充可以帮助用户更全面地了解实体和关系的特征和属性，从而提高知识管理的精度。

（4）知识推理

知识推理是根据已有知识推导出新知识的过程。在知识图库中，知识推理可以帮助用户发现新的关联和趋势，从而更好地利用已有知识。

（5）可视化展示

可视化展示是将知识图谱中的数据以图形化的方式展示出来的过程。在知识图库中，可视化展示可以帮助用户更直观地理解数据，提高知识管理的效率。

（6）自然语言处理

自然语言处理是将自然语言文本转换为机器可理解语言的过程。在知识图库中，自然语言处理可以帮助用户更方便地输入和输出数据，提高知识管理的便利性。

（7）语义搜索

语义搜索是根据用户输入的关键词，从知识图库中搜索相关信息的的过程。在知识图库中，语义搜索可以帮助用户快速找到所需信息，提高知识管理的效率。

2.5.2　专家系统

专家系统是人工智能的一个重要分支，也是目前人工智能中富有成效的应用研究领域。它是一种智能计算机程序，利用专家知识和推理方法来解决特定领域的问题。

专家系统通常由人机交互界面、推理机、知识库、数据库、知识获取、解释器六部分构成，如图 2-12 所示。

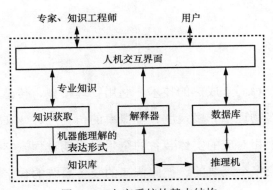

图 2-12　专家系统的基本结构

专家系统的基本工作过程是：用户通过人机交互界面回答系统的提问，推理机将用户输入的信息与知识库中各个规则的条件进行匹配，并把被匹配规则的结论存储到数据库中，由专家系统将得出的最终结论呈现给用户。在这里，专家系统还可以通过解释器向用户解释以下问题：系统为什么要向用户提出该问题（Why）？计算机是如何得出最终结论的（How）？领域专家或知识工程师通过专门的软件工具，或编程实现专家系统中知识的获取，不断地充实和完善知识库中的知识。

专家系统的设计与实现如图 2-13 所示。

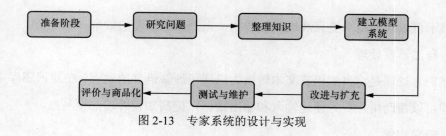

图 2-13　专家系统的设计与实现

要应用专家系统，必须先满足以下 3 个先决条件。

（1）存在一个可以合作的领域专家。对于不存在公认专家的领域，不适宜采用专家系统来处理。如地震预报是一个特别复杂的问题，目前地震预报的准确率并不高，所以在这个问题上应用专家系统不会有很大效果。

（2）领域专家通过启发式方法解决问题。对于人类还没有彻底掌握且不存在成熟解法的问题，采用启发式推理的专家系统才充分发挥其优越性，如暴雨预报专家系统。

（3）领域专家的知识能够表达清楚。只有能够表达清楚的领域专家知识，知识工程师才有可能将其整理出来，并以形式化表示出来。依赖感觉的工作领域和依赖技能的工作领域，都不适合应用专家系统。

2.5.3　数字孪生系统

数字孪生系统是一种尚未成熟的技术，利用物理模型、传感器更新、运行记录等数据，集成多学科、多物理量、多尺度、多概率的仿真过程，在虚拟空间中建立相应的数字化镜像，以反映相对应的实体装备的全生命周期过程。它是一种超越现实的概念，可以被视为一个或多个重要的、彼此依赖的装备系统的数字映射系统。这种系统被期望用在各种领域，例如工业生产、智慧城市、智慧交通、智慧能源、智慧楼宇、智慧矿山等。正如人要面临生老病死一样，设备也要面临生产制造、装备、投入使用、维修、更换、报废等过程。如果可以实时监控、分析和诊断，形成一个虚拟数据模型，那么这个模型就可以指导人们，预判实体出现的问题，加以解决，从而提高生产效率、减少能源消耗和降低运营成本。

举例来说，飞机自投入使用之日起，会实时产生大量数据。这些数据经过传输、处理、存储、输入仿真模型之后，可构成一架虚拟的数字化飞机。这架数字化飞机可以通过实时的监控数据反映飞机当前的状况，例如配件在下一个维保周期内是否需要更换；甚至可以预判飞机的使用寿命是否会因不可抗力而缩短。

在工业生产中，数字孪生系统可用于预测设备的维护和更换时间，以优化生产和降低成本。同时，该系统也可以提供实时监控和诊断，以改善产品质量和工艺效率。

在智慧城市方面，数字孪生系统可以模拟和优化城市规划，提高资源管理，增强公共安全，甚至改善交通流量。

在智慧交通领域，数字孪生系统可以提供详细的交通模拟和预测，以帮助制定有效的交通策略。

在智慧能源领域，数字孪生系统可以帮助预测和管理能源需求，优化能源的使用，降低碳排放量。

在智慧楼宇方面，数字孪生系统可以提供实时监控和预测性维护，提高楼宇的使用效率，降低运营成本。

在智慧矿山领域，数字孪生系统可以提供实时监控和预测性维护，提高生产效率和安全性。

2.5.4　物联网实时控制系统

物联网实时控制系统是一种基于物联网技术，通过传感器、执行器、控制器等设备的连接和数据交互，实现对生产过程进行实时监控和控制的系统。它具有以下特点。

多样化和开放化：系统具有多种网络连接方式（如有线和无线），能够满足不同应用场景的需求。同时，系统还具有开放的接口，可以与其他系统进行集成和互联。

广泛化和智能化：系统可以连接各种设备和传感器，实现广泛的数据采集和处理。同时，系统还具有智能化的数据处理和分析能力，可以对数据进行分析和挖掘，提供更准确的决策支持。

安全性强：系统具有完善的安全机制，其中包括用户认证、数据加密、访问控制等，确保数据的安全性和隐私保护。

安装操作方便：系统的安装和操作简单方便，可以快速地部署和运行。

稳定性高：系统具有较高可靠性和较高稳定性，可以长时间运行而不出现故障。

多样化管理：系统具有多种管理方式（如远程管理和本地管理），能够满足不同的管理需求。

实时性强：系统可以实时采集和处理数据，提供实时监控和控制能力。

成本低：系统的成本较低，可以满足大多数应用场景的需求。

兼容性高：系统具有较高的兼容性，可以与其他各种设备和技术进行互联和协同工作。

功耗小：系统具有较低的功耗，可以降低能源消耗和运营成本。

习　题

2-1　什么是人工智能？

2-2　人工智能三要素是什么？

2-3　简述大数据与人工智能的关系。

2-4　人工智能落地项目的基本实现过程是什么？

2-5　大数据有哪些关键技术？

实　验

1．实验主题

查阅文献，完成人工智能应用和产品的调研报告和答辩 PPT。

2．实验说明

随着人工智能技术的不断发展和应用，人工智能应用和人工智能产品无处不在。无论是学业、工作、创意，还是日常生活中的各种问题，人工智能应用和产品都能提供准确、快速和个性化的帮助。在教学中，人工智能应用和产品也开始发挥重要作用，帮助学生提高学习效率。

3．实验内容

（1）列举我们生活中可以感知到的人工智能应用和人工智能产品。

（2）根据所学专业，介绍人工智能在本专业的应用场景。

（3）人工智能对哪个产业影响最大，最主要的变革有哪些？给出具体结论和对应理由。

4．提交文档

撰写一份 Word 格式的报告文档，阐述自己的观点。同时，根据 Word 文档内容，制作一份答辩 PPT。

·前沿篇·

项目三　智能机器人

智能机器人是一种能够自主行动、感知环境、作出决策的机器系统，能够基于人工智能技术来模拟人类的决策和行为过程。

智能机器人既可以接收人类的指令，也可以按照预先编排的程序运行，或者根据人工智能技术制定的规则行动，目前已广泛应用于工业生产、物流仓储、医疗护理、教育娱乐等领域。

智能机器人的核心技术包括机器学习、自然语言处理、计算机视觉等。机器学习让机器人能够自我学习和改进。自然语言处理使机器人能够理解和生成人类语言，从而与人类进行交流。计算机视觉使机器人能够感知和理解图像、视频等内容，进而识别和跟踪目标。

本项目的主要内容：

（1）智能体；

（2）多智能体；

（3）智能机器人。

导读案例

第一个获得公民身份的机器人——索菲亚

要点：索菲亚是由香港汉森机器人技术公司开发的类人机器人，不仅拥有橡胶皮肤，能做出 62 种面部表情，还具有较高的智能和情感表达能力，能够与人进行自然对话。"她"的出现引发了人们对人工智能和机器人技术的深入思考和探讨。

2017 年 10 月 26 日，沙特阿拉伯授予索菲亚公民身份，索菲亚如图 3-1 所示。作为史上首个获得公民身份的机器人，索菲亚拥有非常复杂的人造皮肤，安装了多个摄像机、一个三维感应器，还采用了先进的脸部和声音识别技术。"她"可做出 62 种面部表情，能够识别面部表情、理解语言、记住与人类的互动，可与人类进行自然的交流，还可顺畅地表达自己的情感。

图 3-1　第一个获得公民身份的机器人索菲亚

3.1　智能体

3.1.1　智能体的定义

在人工智能和计算机领域，任何独立的、能够思考并可以与环境交互的实体都可以抽象为智能体。智能体可以看作嵌入于某一环境中，具有自主行动能力的计算机程序或者实体。它能够通过传感器感知环境，并借助效应器自主地作用于该环境，进而完成给定的设计目标。

3.1.2　智能体的特性

（1）自主性

智能体拥有自主思考能力，能够根据其内部状态和感知到的外界环境变化对自己的行为和状态进行调整，而不是仅仅被动地接收外界环境的刺激，具有自我调节、自我管理的能力。

（2）反应性

智能体具有对外界刺激作出反应的能力。换句话说，智能体能够感知环境并影响环境。

在某些情况下，智能体能够采取主动的行为来改变周围的环境，以实现自身的目标。

（3）社会性

智能体具有与其他智能体或人进行合作的能力。智能体可根据其意图与其他智能体进行交互，以达到解决问题的目的。同时存在的多个智能体会形成多智能体系统，该系统可模拟社会性的群体，具有相互协作的能力，在遇到冲突时能够通过协商来解决问题。

（4）进化性

智能体能够在交互过程中逐步适应环境，自主学习，自主进化。

3.1.3　智能体的理解

智能体一般通过执行器对其自身进行操作，通常具有一些基本的智能能力，例如感知、决策、动作、通信等。感知能力指智能体能够从环境中获取信息和感知状态。决策能力指智能体能够根据感知到的信息（状态）和自身的知识库，制定行动计划并执行动作。动作能力指智能体能够与环境进行交互，如移动物体、操作设备等。通信能力指智能体能够与其他智能体或人类进行交流和协作。智能体的理解如图 3-2 所示。

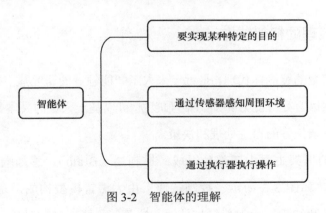

图 3-2　智能体的理解

智能体的应用非常广泛，例如，智能物流系统中的智能体可以自主配送货物，智能家居系统中的智能体可以自动控制电器设备。

智能体的设计和实现涉及多个学科和技术领域，其中包括人工智能、计算机科学、控制论、机器人学等。另外，智能体的设计需要根据特定的任务和环境进行定制，也需要考虑智能体的能力、行为和决策方式。

3.1.4　智能体的实例

智能体的实例可以在很多商业场景中找到，下面列举了一些具体的实例。

机器人：一种可以自动执行任务的智能体。它们可以根据预设的程序执行任务，并具有感知、决策和行动的能力。例如，工业机器人可以在生产线上自动完成装配、焊接、搬运等工作。

自动驾驶汽车：一种可以自主驾驶的智能体。它们通过传感器、雷达、摄像头等实现感知环境，并使用计算机视觉、机器学习等技术实现决策和控制。自动驾驶汽车可以自主完成驾驶任务，能够减少人为因素引起的交通事故。

无人机：一种可以自主飞行的智能体。它们通过传感器、GPS、北斗卫星导航系统等实现感知环境和定位，并使用控制器和调节器实现飞行控制。无人机可以用于航拍摄影、货物运输、救援等场景。

智能家居设备：一种可以与人类进行交互的智能体。它们可以通过传感器、执行器等实现感知环境和控制，并使用语音识别、图像识别等技术实现与人类的交互。智能家居设备可以用于家庭安全、节能环保等场景。

3.1.5　智能体代理的框架结构

基于大语言模型的智能体代理，是近年来人工智能领域的研究热点之一。这种智能代理具备强大的自然语言处理能力和知识推理能力，可以基于大量的文本数据进行训练和学习，从而实现对复杂任务的自主处理和决策。

智能体代理的框架主要由三部分组成：控制端（Brain）、感知端（Perception）和行动端（Action），如图 3-3 所示。控制端通常由大语言模型构成，是智能体代理的核心，可以存储记忆和知识，承担着信息处理、决策等不可或缺的功能。感知端将智能体代理的感知空间从纯文本拓展到包括文本、视觉、听觉等多模态领域，使其具有更全面的信息感知和处理能力。行动端则负责将智能体代理的决策和意图转化为具体的行为或动作。

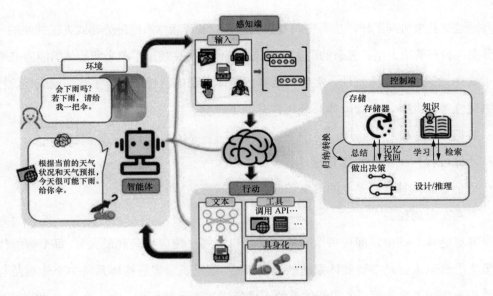

图 3-3 智能体代理的框架结构

3.1.6 智能体的应用

智能体应用于许多不同的领域，例如网络管理、网络协同化和网络信息处理。例如，在 HUAWEI CONNECT 2020（华为全联接大会 2020）期间，华为发布的智能体以云为基础，以人工智能为核心，通过云网边端协同，构建开放、立体感知、全域协同、精确判断和持续进化的智能系统，为城市治理、企业生产、居民生活带来全场景智慧体验。

在多个行业中，智能体发挥了重要作用。在医疗领域，智能体技术可以用于建立放射治疗培训系统，通过模拟环境来提高医疗人员的技术水平。在科研领域，智能体可以用于自动化和优化研究过程，如在人工智能辅助药物发现中的应用。

智能体的应用仍在不断发展和创新，例如，电商领域的兴趣匹配、智能信息检索、数字娱乐等场景，以及管理领域的决策支持系统、移动计算、组织结构等。

3.2 多智能体

3.2.1 多智能体的定义

多智能体指由多个智能体组成的系统，每个智能体都能感知环境、进行决策和执行动作，并通过交互来协同工作，从而完成复杂的任务。多智能体系统是分布式人工智能的一个重要分支，旨在解决大型、复杂的现实问题，这些问题往往超出了单个智能体的能力范围。

前文中讨论的智能体特性，实际上是多智能体系统的特性，如自主性、反应性、社会性、进化性等。此外，多智能体系统还具有如下特点。

- 数据分散。
- 计算过程异步、并发或并行。
- 每个智能体具有不完全的信息和问题求解能力。
- 不存在全局控制。

在多智能体系统中，即使每个智能体都是自利的（使自身获利最大），每个智能体的最优策略组合也未必是多智能体系统的最优策略，这反映了多智能体系统中个体利益与集体利益相冲突的矛盾本质。多智能体系统不像集中控制系统那样，由一个集中式的控制器对每个智能体的策略进行控制，而是需要为每个智能体设计机制，通过协商来获得系统的最佳策略。

3.2.2　多智能体的应用

多智能体系统中的智能体可以共同协作，解决超出单个智能体能力范围的复杂问题。以下是多智能体系统在不同领域的应用。

智能机器人：在自动化和机器人技术中，多智能体系统可以协调多个机器人的工作，从而完成复杂的任务。

交通控制：在智能交通系统中，多智能体可以用于模拟和优化交通流量，减少拥堵。

协调专家系统：在需要多个专家领域知识的问题解决中，多智能体系统可以集成不同专家的决策。

分布式预测：在金融市场分析、天气预报等应用上，多智能体可以并行处理数据，提高预测的准确性。

分布式智能决策：在紧急响应、应急策略等领域，多智能体可以提供快速、分散的决策支持。

虚拟现实：在虚拟环境中，多智能体可以提供更加丰富和动态的交互体验。

复杂分布式实时操作系统：在需要高可靠性和实时性的系统中，如航空航天设备或医疗设备，多智能体系统可以提高设备的稳定性和响应速度。

3.3 智能机器人

3.3.1 智能机器人的分类

根据智能程度的不同，智能机器人可分为 3 类：传感型智能机器人、交互型智能机器人、自主型智能机器人。

传感型智能机器人指机器人的本体上没有智能单元，只有感应和执行机构，具有利用传感器进行信息处理、实现控制与操作的能力。这类机器人通常依靠外部的传感器（如视觉、听觉、触觉、力觉等）来感知环境信息，并将这些信息传输给机器人执行部件，以实现控制与操作。

交互型智能机器人指具备行走能力、具有多种感知能力、可进行复杂的材料和工艺制造、能自主完成较为复杂的操作任务的机器人，对控制系统的智能化要求较高。这类机器人可以通过声、光、电、热等综合信号与人类进行互动，也可以根据综合信号的变化改变自己的行为。

自主型智能机器人指能根据环境变化和自身状态变化进行自我调整和改进的机器人。这类机器人可以自主决策、自主行动，具有较强的适应能力和自我学习能力。它们通常具备多种传感器和智能算法，可以感知环境信息并进行处理，并根据任务需求自主规划行动，同时还能通过自我学习和调整来提高自身的智能水平。当然，即使最为先进的自主型智能机器人距离完全具有自我意识，即所谓的"超级机器人"，仍然具有不可逾越的差距。它的实现有待技术上的重大突破。

3.3.2 智能机器人的结构

大多数专家认为智能机器人至少要具备以下 3 个要素：第一个是感觉要素，用来认识周围环境状态；第二个是运动要素，能对外界做出反应性动作；第三个是思考要素，根据感觉要素所得到的信息，确定采用什么样的动作。

具体来说，智能机器人一般由机械部分、传感部分和控制部分组成。

机械部分：包括机身、手臂、末端操作器等，其中各大件应具有多种自由度，以构成一个多自由度的机械系统。

传感部分：包括内部传感器模块和外部传感器模块，以获取内部和外部环境中有用的信息。

控制部分：通过编程来控制机器人的运动，以及通过计算机来处理内部和外部传感器采集的信息，以实现机器人的动作控制。

此外，智能机器人还可能包含其他特殊组件，例如电源、执行器、人机界面等，以满足不同的需求和功能。

3.3.3　智能机器人的研究方向

智能机器人的研究方向包括以下几个方面。

感知和认知：研究如何通过传感器获取环境信息，以及如何处理和理解这些信息，使机器人能够认识和适应环境。

决策和控制：研究如何让机器人能够根据当前状态和环境信息作出最优的决策，以及如何对机器人的行为进行控制和调整。

人机交互：研究如何让人与机器人进行有效的交流和互动，所采用的技术包括语音识别、自然语言处理、计算机视觉等。

机器学习和自适应：研究如何通过机器学习和自适应的方法，让机器人能够自我学习和改进，不断提高自身的智能和性能。

安全和可靠性：研究如何保证机器人的安全和可靠性，以及如何处理机器人操作中的风险和不确定性。

这些研究方向涉及多个学科领域，其中包括机械工程、电子工程、计算机科学、控制论、人工智能等，这表明智能机器人是一个跨学科的研究领域。

习　　题

3-1　什么是智能体？

3-2　试着描述下未来智能体的应用领域。

3-3　如何处理智能机器人和人的竞争关系？

项目四　自动驾驶汽车

　　如今，车辆更加智能化，自动泊车、并线辅助、驾驶员疲劳监测等高级功能已经越来越普及。汽车已经不再是单纯的交通工具，而是逐渐演变为一个智能化的移动空间。自动驾驶汽车将是一种安全、高效的出行方式，所能够带来的影响远远超出了人们的想象。自动驾驶汽车将彻底改变人们的工作和生活，重塑城市图景。

　　本项目的主要内容：

　　（1）自动驾驶技术的概念，自动驾驶汽车的系统组成；

　　（2）人工智能技术在自动驾驶汽车中的应用；

　　（3）自动驾驶汽车所面临的挑战及未来发展。

导读案例

自动驾驶汽车，开启智慧出行新时代

　　要点：随着技术的不断进步和政策的不断完善，自动驾驶汽车将会在更多领域得到应用，为人们带来更多的便利和安全。

　　谷歌公司是自动驾驶技术的先驱之一，其自动驾驶汽车项目已经在美国多个城市进行测试。谷歌公司的自动驾驶技术主要依赖高精度地图、传感器、计算机视觉等技术，旨在实现完全无人化的汽车驾驶。

　　Waymo 公司的自动驾驶出租车在美国凤凰城进行了长时间的测试，如今已在美国多个城市提供服务。Waymo 公司的自动驾驶技术通过大量传感器和计算机视觉技术来实现对周围环境的感知和决策控制，从而实现多种路况下汽车的自动驾驶功能。Waymo 公司在 2024 年 3 月发布数据，其自动驾驶出租车已经完成数百万千米的测试，没有发生过重大事故，表现出了相对较高的安全性。

国外自动驾驶技术的先驱还有特斯拉公司的系统，该系统也是特斯拉自动驾驶技术的重要组成部分。Autopilot系统通过雷达、超声波传感器、摄像头等设备来感知周围环境，并利用机器学习和人工智能技术进行数据处理和决策，实现了汽车在高速公路、城市道路等多种路况下的自动驾驶功能。据特斯拉官方数据，Autopilot系统可以帮助特斯拉车辆减少交通事故发生率，提高行车安全性。

国内的自动驾驶技术领军企业有百度公司，其搭载阿波罗（Apollo）系统的自动驾驶汽车已经在多个城市进行测试。百度公司阿波罗自动驾驶技术主要依赖于高精度地图、传感器、人工智能等设备和技术，旨在实现高度自动化的驾驶。目前，百度公司推出的萝卜快跑在武汉、重庆、北京、深圳开启了全自动无人驾驶运营。

4.1 什么是自动驾驶技术

随着人工智能技术不断发展，汽车行业也开始大力推进自动驾驶技术的应用。自动驾驶技术不仅可以提高驾驶安全性和舒适性，还可以有效缓解交通拥堵等问题。自动驾驶技术的核心在于它对环境感知的精确性和决策的智能化。通过装配激光雷达、摄像头、毫米波雷达等传感器，车辆能够获取周围环境的三维信息，构建出高精度的地图。同时，借助计算机视觉和深度学习技术，车辆能够识别行人、车辆、交通信号等，并作出相应的驾驶决策。

4.1.1 自动驾驶的概念

自动驾驶，顾名思义，即不依赖驾驶员，而是依靠车内的以计算机系统为主的智能驾驶仪来实现车辆的驾驶。自动驾驶汽车又可以称为轮式移动机器人，利用车载传感器来感知车辆周围环境，并根据感知所获得的道路信息、其他车辆位置和障碍物信息，控制车辆的转向和速度，从而使汽车安全、可靠地行驶到预设目的地。

自动驾驶汽车的标准是什么呢？智能到什么程度的自动驾驶汽车才算是人们心目中的自动驾驶汽车？我国2022年3月1日正式实施的自动驾驶标准《汽车驾驶自动化分级》（GB/T 40429—2021）对驾驶自动化进行了6个等级（0级~5级）的划分，驾驶自动化等级与划分要素的关系如表4-1所示。可以看出，0级~2级为驾驶辅助，系统辅助人类执行动态驾驶任务，驾驶主体仍为驾驶员；3 级~5 级为自动驾驶，系统在设计运行条件下代替人类执行动态驾驶任务，驾驶主体是系统。

表 4-1　驾驶自动化等级与划分要素的关系

分级	名称	持续的车辆横向和纵向运动控制	目标和事件探测与影响	动态驾驶任务后援	设计运行范围
0 级	应急辅助	驾驶员	驾驶员及系统	驾驶员	有限制
1 级	部分驾驶辅助	驾驶员和系统	驾驶员及系统	驾驶员	有限制
2 级	组合驾驶辅助	系统	驾驶员及系统	驾驶员	有限制
3 级	有条件自动驾驶	系统	系统	动态驾驶任务后援用户（执行接管后成为驾驶员）	有限制
4 级	高度自动驾驶	系统	系统	系统	有限制
5 级	完全自动驾驶	系统	系统	系统	无限制

注：排除商业和法规因素等限制。

　　特斯拉提供的完全自动驾驶功能包括自动辅助导航驾驶、自动辅助变道、自动泊车、智能召唤、识别交通信号灯和停车标志并作出反应，以及在城市街道中自动辅助驾驶。近年来，中国在自动驾驶技术研发上取得了显著进展。百度公司阿波罗已成功开发出具备自动驾驶能力为 4 级（驾驶自动化等级）的车辆，并在全国多个城市开展了公开道路测试，提供自动驾驶网约车服务。与此同时，阿里巴巴、腾讯、华为等科技巨头也纷纷布局自动驾驶领域，推出各自的自动驾驶解决方案，助推我国自动驾驶技术快速发展。

4.1.2　自动驾驶系统的基本组成

　　和人类驾驶相对比，自动驾驶系统的信息终端和传感系统如同司机的眼睛和耳朵，中央决策系统如同人的大脑，执行器如同人的手脚。自动驾驶系统的基本组成如图 4-1 所示，其中包括感知、决策和控制 3 个核心部分。

　　最新的自动驾驶技术充分体现在如下方面。

　　（1）雷达：当事故预防系统在汽车的盲点探测到物体时，该系统会触发报警。

　　（2）车道引导：安装在后视镜后方的摄像头通过识别车道线来区分路面和车道边界线。

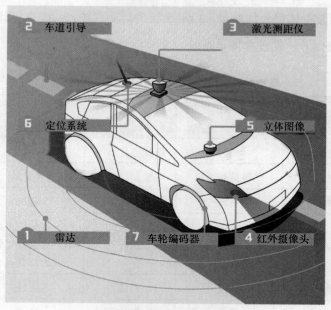

图 4-1　自动驾驶系统组成

（3）激光测距仪：车顶测距系统包括几十个激光束，可覆盖汽车周围 360°范围内的区域，距离可以精确到 2 cm。

（4）红外摄像头：2 个红外装置使夜间视野更宽阔。

（5）立体图像：两个安装在挡风玻璃上的摄像头将给出前方路况的三维图像，并标出如出现行人、动物等危险状况。

（6）定位系统：GPS/北斗卫星导航系统可以精确到米级。在定位系统覆盖的范围内，摄像头可以识别出路上的各种细节。

（7）车轮编码器：车轮胎上的传感器可以在汽车行驶过程中自动检测汽车的行驶速度。

4.2　人工智能在汽车行业中的应用

人工智能技术在汽车行业中的应用非常广泛，主要有自动驾驶技术、语音识别技术、预测维护技术、智能导航技术等。

车辆实现自动驾驶，必须经由感知、决策和执行三大环节才能实现，其中每一个环节都离不开人工智能技术。自动驾驶系统包括 3 个系统，如图 4-2 所示，具体如下。

感知系统：一种让车辆获取信息的系统，不同感知系统所用的车辆传感器也不同，常用的包括红外摄像头、超声雷达、激光雷达、毫米波雷达、图像传感器。这些传感器监测车辆的工作状态，收集车辆的实时信息，读取不断发生变化的状况参数。

决策系统：一种在感知系统对周围物体作出识别并进行定位后，利用算法决定汽车下一步行为的系统。从最简单的"红灯停、绿灯行"到复杂的变道，决策系统不仅要利用实时的定位信息，还要结合当前道路拥堵情况、路面质量、信号灯等待时间等一系列因素进行决策，以获取最佳的行驶路线。

执行系统：一种在决策系统进行操控之后，对汽车的油门、刹车、方向盘、车灯等进行物理层面控制的系统，能严格执行对应的决策。

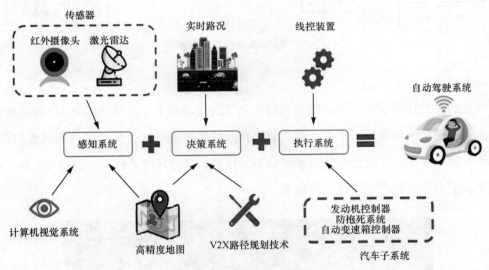

图 4-2　自动驾驶系统组成

4.2.1　感知系统

为了确保对环境的理解和把握，自动驾驶系统的感知系统通常需要获取周围环境的大量信息，具体包括障碍物的位置、车辆行驶速度和静止或移动物体的相对速度及可能的行为、可行驶的区域、交通规则等。自动驾驶汽车通常通过融合激光雷达、毫米波雷达等多种传感器的数据来获取这些信息。

对于自动驾驶汽车来说，传感器可以是感知线路的元器件，也可以是检测车轮转速或路程的元器件，还可以是检测车辆姿态的元器件。有些传感器的原理和应用方式比较简单，有些则比较复杂。采用什么样的传感器取决于对自动驾驶汽车的要求。常见的传感器如图 4-3 所示，下面分别介绍一些自动驾驶汽车常用的系统/设备。

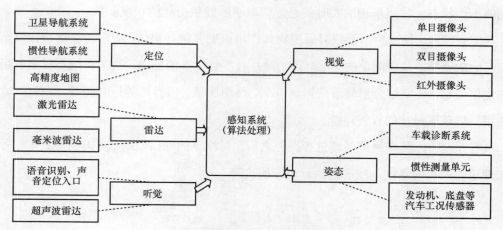

图 4-3　感知系统常见的传感器

（1）雷达

雷达通过发送无线电波并检测反射波来测量发射源相对于物体的距离、移动速度和方向，适合在恶劣天气条件下工作，因为它不像光学传感器那样会受到雨、雾或雪的影响。在自动驾驶汽车中，雷达会安装在车辆的不同位置，以对环境进行全方位感知。图 4-4 形象地展示了自动驾驶汽车雷达工作场景。

图 4-4　自动驾驶汽车雷达工作场景

前向雷达：通常安装在车辆的前保险杠或前格栅附近，用于检测前方车辆的距离和移动速度，支持自适应巡航控制和碰撞预警系统。

后向雷达：安装在车辆后部，用于倒车时检测障碍物，支持倒车辅助系统和停车辅助系统。

侧向雷达：安装在车辆两侧，用于检测盲区中的车辆或其他物体，支持盲点监测系统。

（2）车道保持系统

在挡风玻璃上装载的摄像头可以通过分析路面和边界线的差别来识别车道标记。如果汽车需要变道，方向盘会自动执行相应操作。图4-5展示了汽车变道时方向盘的动作。

图4-5　汽车变道时方向盘的动作

（3）激光测距系统

激光雷达是一种遥感技术，使用激光来测量目标与发射源之间的距离。激光雷达通过旋转可以收集周围环境的全方位数据，生成详细的三维点云图。在自动驾驶汽车中，激光雷达是一种关键的设备，因为它不仅能够提供周围环境的精确三维地图，还可以快速扫描环境，实时更新周围物体的位置和速度。采用了激光雷达的车顶激光测距系统如图4-6所示。

图4-6　车顶激光测距系统

（4）红外摄像头

自动驾驶汽车的夜视辅助功能使用了两个前灯来发送不可见的红外光线到前方的路面。汽车装载的红外摄像头可用于检测红外标记，并且在驾驶位屏幕上呈现相应的图像（其中危险因素会被突出）。红外摄像头如图4-7所示。

图4-7　红外摄像头

（5）立体视觉

自动驾驶汽车前挡风玻璃上装载的两个摄像头会实时生成前方路面的三维图像，检测诸如行人、车辆等物体，并且预测他们的行动。实时三维图像如图4-8所示。

图4-8　实时三维图像

（6）汽车导航系统

汽车导航系统由卫星导航系统和惯性导航系统组成。卫星导航系统由空间段（空间导航卫星）、地面段（地面观测站）和用户段（信号接收机）这3个独立的部分组成，其基本原理是测量已知位置的卫星到用户接收机之间的距离，并综合多颗卫星的数据计算出用户所在的地理位置信息。目前有四大全球卫星导航系统，我国常用的是 GPS 和北斗卫星导航系统。惯性导航系统是一种自主的导航技术，它不依赖外部信号或参考物，而是通过测量物体的加速度和角速度来确定物体的位置、速度和姿态。

4.2.2　决策系统

感知系统从传感器的数据中探测并计算出周边物体及其属性信息后，会将这些信息传递给决策系统，以在宏观层面上指导自动驾驶系统的控制规划模块，按照最佳路线行驶。规划控制模型如图 4-9 所示，主要功能包括路由寻径、行为决策等。

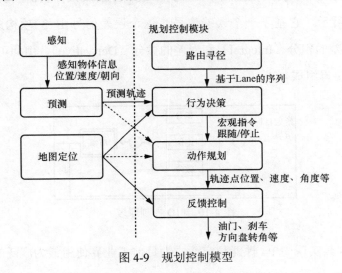

图 4-9　规划控制模型

（1）路由寻径

路由寻径基于一定的环境模型，在给定自动驾驶汽车起始点和目的地后，按照性能指标规划出一条无碰撞且能安全到达目的地的有效路径。由于真实环境非常复杂，因此路由寻径需要通过大量的数学方程，并考虑障碍物、车道线、路径曲率、曲率变化率、车辆速度、加速度等多种因素的影响进行。

（2）行为决策

行为决策接收路径规划的结果，同时也接收感知预测和地图信息。通过综合这些信息，行为决策在宏观上决定了自动驾驶汽车如何行驶，其中包括在道路上的正常跟车，遇到信号灯和行人时的等待、避让，以及在路口和其他车辆的交互通过等。例如，当路径规划要求自动驾驶汽车保持当前车道行驶，感知系统发现前方有一辆正行驶的车辆时，行为决策的决定很可能是跟车。

4.2.3 执行系统

执行系统作为自动驾驶汽车系统的底层系统，其任务是实现规划好的动作，所以执行系统的控制器模块的评价指标即为控制的精准度。执行系统的控制模块通过比较车辆的测量结果和我们预期的状态输出控制动作，并进行相应的控制调整，允许系统根据输出结果来调整其行为，以保持或达到预定的性能标准或设定点，这一过程被称为反馈控制。

反馈控制广泛应用于自动化控制领域，其中最典型的反馈控制器当属 PID。PID 控制原理如图 4-10 所示，它基于一个误差信号，这个误差信号由 3 项构成：误差的比例（Proportion），误差的积分（Integral）和误差的微分（Derivative）。由此可知，PID 由这 3 个英文单词的首字母组成。

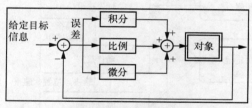

图 4-10　PID 控制原理

PID 控制器因其实现简单、性能稳定而成为目前工业界使用最为广泛的控制器。但是，作为纯反馈控制器，PID 控制器在自动驾驶汽车控制中存在一些问题。PID 控制器是一种经典的反馈控制器，能根据当前的误差信号，即设定值与实际输出的差值来调整控制动作，但它无法对时延或系统内部的动态变化进行建模和预测，这可能导致控制性能不佳，尤其是在具有显著时延或复杂动态的系统中。为了解决这一问题，我们引入基于模型预测的控制方法。

模型预测控制是近年来被广泛讨论的一种反馈控制策略。模型预测控制的原理可以描述为：在每一个采样时刻，根据获得的当前测量信息，在线求解一个有限时域开环优化问题，并将得到的控制序列的第一个元素作用于被控对象；然后在下一个采样时刻，重复上述过程，即用新的测量值刷新优化问题并重新求解。模型预测控制的主要特点如下。

（1）基于模型的预测

预测控制算法需要一个描述对象动态行为的模型，这个模型的作用是预测系统未来的动态。

（2）滚动优化

因为采用有限时域的预测，还因为存在外部干扰和模型不确定性，不能将求解优化问题得到的最佳控制序列全部作用于系统，而只能将每个采样时刻的优化解的第一个分量作用于系统。

（3）前馈–反馈控制结构

前馈–反馈控制结构是一种将前馈控制和反馈控制相结合的控制结构。这种结构利用前馈控制的预测能力和反馈控制的校正能力，来实现更高效和精确的过程控制。前馈控制可以预测驾驶员的输入，而反馈控制可以调整自动驾驶汽车的动力输出。

模型预测控制提供了比传统 PID 控制器更灵活和更强大控制能力，适合用于那些具有复杂动态、多变量、大时延或严格约束的系统。模型预测控制在自动驾驶汽车控制中具有很高的应用价值。

4.3　人工智能在汽车行业中面临的挑战

自动驾驶技术作为汽车行业的主要技术，人工智能技术的不断进步为其发展提供了强大的支持。例如，应用虚拟现实技术和增强现实技术可以有效提高司机的驾驶技能和行车安全性。然而，要实现自动驾驶技术的广泛应用，仍有许多挑战需克服。

（1）技术上难关重重

虽然人工智能技术必将日趋成熟，但作为上路行驶的自动驾驶汽车仍存在一些技术问题需要解决。例如，如何精准分辨不同路标，如施工路段、临时限行、内部道路等。在行为决策方面，对于路上飘起的树叶、纸屑、塑料袋等无影响物体，自动驾驶系统会不会进行误报，进而引起紧急刹车。对于临时限行、交通管制、交通事故等突发情况，自动驾驶系统如何进行采集、识别与规划，如何确保复杂环境下对交通环境感知无盲区和决策最优化。同样，自动驾驶系统的决策还需要依赖于高带宽的网络，这也是需要解决的问题。

（2）安全上存在隐患

基于人工智能技术的自动驾驶系统是以互联网为载体进行工作的，必须借助互联网来实时更新交通状况、上传和接收数据，这使得自动驾驶汽车对互联网的依赖程度越来越高。但是，当前的网络并不十分安全，网络攻击事件屡屡发生。如果自动驾驶汽车在技术上被黑客攻击或被别有用心者利用，那么系统反应的时延甚至疲软崩溃极有可能造成重大事故。

（3）伦理上矛盾突出

人工智能在自动驾驶汽车中的应用会让人们陷入道德判断的困境，例如，汽车在躲避突发情况而刹车失灵时，是撞向行人确保驾乘者安全还是撞向建筑物确保行人安全？这让人们不得不面对伦理冲突的困境，并不得不做出抉择。

习　　题

4-1　以下选项不属于传感器的是（　　）。

A．摄像头　　　　B．传声器　　　　C．雷达　　　　D．电机

4-2　从功能上来说，激光雷达和人体中的（　　）最接近。

A．手　　　　B．脚　　　　C．眼　　　　D．头

4-3　无人驾驶系统不包括如下哪个系统（　　）？

A．感知系统　　B．监控系统　　　C．决策系统　　　D．执行系统

4-4　目前自动驾驶用到了哪些人工智能技术？

4-5　自动驾驶在哪些领域可能最先得到大规模应用？为什么？

4-6　假如在大学校园里采用自动驾驶设备送快递，有自动驾驶汽车、无人驾驶飞行器两种方案，哪种更可行？除了这两种方式，还可能有什么方式？

项目五 大模型

大模型指具有大规模参数和复杂计算结构的机器学习模型。这些模型通常由深度神经网络构建而成，拥有数十亿甚至数千亿个参数。大模型的设计目的是提高模型的表达能力和预测性能，能够处理更加复杂的任务和数据。大模型应用于很多技术领域，例如自然语言处理、计算机视觉、语音识别等。在这些技术领域中，大模型可以通过对大量数据进行学习来在取得各种任务中优秀的表现。然而，大模型也面临着一些问题，例如过拟合、泛化能力差、计算资源不足等，因此，我们在训练和使用大模型时要采取一些措施（如正则化、数据增强、分布式计算等）来解决这些问题。

本项目的主要内容：

（1）大模型的发展；

（2）ChatGPT 的特点和优势；

（3）ChatGPT/文心一言趣味案例。

导读案例

ChatGPT：5min 内编写一首原创歌曲

要点： 大模型的广泛应用是大势所趋。大模型将会助推数字经济，为各行各业的智能化升级带来新范式。

过去，一首原创歌曲需要作者谱曲、填词、试唱、反复修改等过程。随着 ChatGPT 的出现，我们非专业人士也可以设置一个主题，选择一种音乐风格，在 ChatGPT 的帮助下创作歌曲。

ChatGPT 是在 GPT 的基础上进一步开发的自然语言处理模型。GPT 是一种自然语言处理模型，使用多层变换器来预测下一个单词的概率分布，通过训练在大型文本语料库上学习到语言模式来生成自然语言文本。从 GPT-1 到 GPT-4，GPT 的智能化程度一直在不断提升。尤其是 GPT-4，它比前几代更具创造性和协作性，可以更准确地解决难题，为 ChatGPT 和新 Bing 等应用程序提供支持。

从技术的角度来看，大模型发源于自然语言处理领域，以谷歌公司的 BERT、OpenAI 公司的 GPT 和百度公司的文心一言大模型为代表，参数规模逐步提升至千亿级别。同时用于训练的数据量级也显著提升，带来模型能力的提高。此外，如视觉大模型等其他模态的大模型研究也在语言模态之后，开始受到重视。使得单模态的大模型被统一整合起来，进一步地模拟人脑多模态感知的大模型出现，推动了人工智能从感知到认知的发展。

随着数字经济、元宇宙等概念的逐渐兴起，人工智能进入大规模落地应用的关键时期，但其开发门槛高、应用场景复杂多样、对场景标注数据依赖等问题开始显露，阻碍了规模化落地。大模型凭借其优越的泛化性、通用性、迁移性，为人工智能大规模落地带来新的希望。

趋势已然，大模型技术突破代表了人工智能发展的一个重要里程碑，将会带来一场以人工智能和通用人工智能为驱动力的"工业革命"，中国在该领域内必然不会缺席。随着大模型的潮流挺进，我国人工智能"新赛道"也必然会加速构建。

2023 年 4 月，国际数据公司（IDC）发布大模型技术发展预测报告，提到大模型将带动新的产业和服务应用范式，在深度学习平台的支撑下将成为产业智能化基座，企业需加快建设人工智能统一底座，融合专家知识图谱，打造可面向跨场景或行业服务的"元能力引擎"。

5.1 什么是大模型

2022 年 11 月，OpenAI 公司发布了 ChatGPT。它具有非常强大的自然语言处理能力，能够实现自动聊天机器人、自动回复、自动翻译等功能，可以更有效地进行交流，辅助人们提升工作效率。2023 年 3 月 14 日，OpenAI 公司发布了 GPT-4，在各个领域引起了巨大的轰动，因为该模型在人工智能技术中达到了一个新的高度。自从 ChatGPT 发布以来，国内外迎来了新一轮大模型浪潮。

大模型是一种机器学习模型，包含了"预训练"和"大模型"两层含义，二者结合产生了一种新的人工智能模式，即模型在大规模数据集上完成预训练后不需要微调，或仅需要少量数据的微调，就能直接支撑各类应用。基于自监督学习的大模型在学习过程中会体现出不同方面的能力，而这些能力为下游的应用提供了动力和理论基础，因此这些大模型称为基础模型，简单理解就是智能化模型训练的底座。

大模型从 2012 年的萌芽期，发展到 2016 年的人工智能 1.0 时期，再到 2022 年 ChatGPT 带来的人工智能 2.0 时期，模型参数均较上一代有数量级的飞跃，如 GPT-4 有数千亿个参数，谷歌公司推出的"通才"大模型 PaLM-E 拥有全球已公开的规模最大的 5620 亿个参数。目前，国内大模型研发和应用领域也正迎来高速发展热潮，各类大模型产品层出不穷，"千模大战"已经打响。

大模型可以学习和处理更多的信息（如图像、文字、声音等），也可以通过训练，完成各种复杂的任务。生活中常见的智能语音助手和图像识别软件都会用到大模型。

大模型的生成关系为：人工智能→机器学习→深度学习→深度学习模型→预训练模型→预训练大模型→预训练大语言模型，如图 5-1 所示。

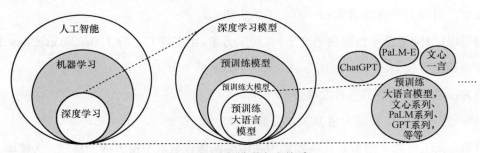

图 5-1　大模型生成关系

人工智能当前正处在新起点，大模型改变了人工智能。大模型让人们看到了实现通用人工智能的路径。人工智能再次成为创新的焦点。越来越多的人认可第四次产业革命正在到来，而这次革命是以人工智能为标志的。

首先，大模型重新定义了人机交互。自然语言人机交互会带来提示词革命。未来程序员的薪酬水平将取决于提示词写得好不好，而不是取决于代码写得好不好。据估计，10年后全世界有 50% 的工作会是提示词工作，因此提出问题比解决问题更重要。

然后，大模型会重新定义营销和客服。谁拥有最佳的与客户沟通的方式，谁就会拥有这个客户。

最后，大模型会催生人工智能原生应用。用人工智能原生思维重构所有的产品、服务和工作流程，不是整合也不是接入，而是重做、重构。

未来，很多应用都将基于大模型来开发，每一个行业也将有属于自己的大模型。大模型会深度融合到实体经济当中去，赋能千行百业，助力中国经济开创下一个黄金 30 年。

大模型是人类社会目前集数据、算法、算力综合的成果，其训练成本极其巨大。举例来说，GPT-4 是一款由 8 个混合专家模型组成的集成系统，为了训练 GPT-4，OpenAI 公司耗费了巨大的资源：训练数据集包含约 13 万亿个 token，训练时间长达 100 天，训练成本高达 6300 万美元。

那么，现在国内外有哪些公司具有大模型？答案如下。

OpenAI：一家人工智能研究公司，拥有多个大型语言模型，例如 ChatGPT 等。

谷歌：拥有很多大型深度学习模型，例如 BERT、Transformer 等。

脸书：拥有很多大型深度学习模型，例如 XLM-R、RoBERTa 等。

微软：微软云服务 Azure OpenAI 可以直接调用 OpenAI 模型，包括 ChatGPT、Codex、Dall-E 等。

百度：百度云平台提供文心一言、千帆大模型。

阿里巴巴：阿里云平台提供通义千问、通义万象，也支持 LlaMA2、Baichuan、ChatGLM、姜子牙等第三方模型。

华为：华为云发布了盘古大模型。

360：发布了人工智能大模型 360 智脑。

目前，人工智能大模型研究主要集中在中美两国，呈现千模大战的格局。大模型是新型关键基础设施的底座之一，大模型的竞争也是国家科技战略的竞争。我国需要布局全栈自主创新的大模型产品，同时要构建国产化算力。

5.2 ChatGPT 的技术逻辑和特点

5.2.1 技术逻辑

ChatGPT 可以通过模拟人类的语言输入，并利用大量数据来训练模型，生成逻辑清晰、语义准确的回答。它的技术逻辑可以概括为以下几个过程。

数据预处理：对大量的文本数据进行清洗和预处理，去除噪声和无关信息，以便模型能够更好地学习和理解文本。

模型训练：利用预处理后的文本数据训练一个深度学习模型。这个模型通常是一个循环神经网络或者多层变换器，通过多轮迭代的学习过程，逐渐提高其对语言的理解和生成能力。

输入编码：将输入的文本转换为模型可以理解的数据格式。这个过程通常包括词嵌入、序列编码等操作，将文本转换为模型内部的向量表示。

模型预测：将编码后的输入模型进行预测，生成回答。这个过程中，模型会根据输入的上下文信息和模型内部的状态，生成逻辑清晰、语义准确的回答。

输出解码：将模型生成的向量表示解码为可读的文本形式。这个过程通常包括逆向转换、语言生成等操作，将向量表示还原为自然语言文本。

这样，ChatGPT 就能根据用户的提问或对话，生成逻辑清晰、语义准确的回答。

结合 ChatGPT 的技术逻辑，有媒体曾列出 ChatGPT 中短期潜在的产业化方向：归纳性的文字类应用、代码开发类应用、图像生成应用、智能客服类应用。

5.2.2　ChatGPT 的特点

1．ChatGPT 的优势

（1）强大的生成能力

ChatGPT 是基于 GPT-4 的模型，具有极强的文本生成能力，可以根据输入的上下文生成连贯、有趣的回复。ChatGPT 在客服、教育辅导、新闻等应用上都能够提供高质量的文本输出。

（2）丰富的知识库

ChatGPT 的预训练过程包含大量的互联网文本数据，这些数据构成了一个内容丰富的知识库。ChatGPT 能够从中学习各领域的知识，进而回答各领域的问题，为用户提供详尽的信息。

（3）多语言支持

GPT-4 具有强大的多语言处理能力，可以支持多种语言的文本生成和理解，这意味着 ChatGPT 也可以为全球用户提供服务，实现跨语言的自然语言处理任务。

（4）个性化与上下文理解

ChatGPT 能够理解用户输入的上下文信息，为用户提供个性化的回复，这使得

ChatGPT 在与用户交流时能够更加自然、智能，提供更贴切的回答和建议。

2．ChatGPT 的局限性

（1）生成内容的真实性与准确性不够好

尽管 ChatGPT 具有强大的生成能力，但它生成的内容并不总是真实和准确的。有时候，模型可能会生成虚假或误导性信息，这是因为模型的知识来源于预训练数据集，而互联网上存在大量的错误或不准确信息。此外，模型在生成过程中可能会出现逻辑错误或表述不一致性的情况。

（2）缺乏道德观与价值观判断

ChatGPT 作为一种人工智能技术，并不具备人类的道德观和价值观，因此，它可能会生成带有偏见、歧视等违背公序良俗的内容。虽然研究人员和开发人员可以通过一定的策略来减少这些问题的出现，但完全消除生成负面内容仍然具有挑战。

（3）存在隐私泄露和安全性问题

ChatGPT 在与用户进行交互时可能涉及个人隐私和敏感信息的处理。大模型是基于互联网文本数据进行训练的，因此需要对用户数据进行严格的保护和管理，以防止隐私泄露和数据滥用。

（4）存在长期依赖问题

尽管 ChatGPT 能够理解上下文信息，但在处理长文本时，它可能会表现出长期依赖的问题，即模型难以保持对之前输入信息的持续关注，导致生成的内容在逻辑上出现不连贯或重复。

（5）能耗与计算资源需求

GPT-4 的参数规模很大，需要大量的计算资源和能耗进行训练和推理，这会限制一些小型企业和个人开发者对 ChatGPT 的使用。虽然有一些优化和压缩技术可以降低计算成本，但这些方法可能会影响模型的性能。

5.3 ChatGPT/文心一言趣味案例

案例 1：小红书

小红书，作为一款炙手可热的社交电商应用，巧妙地融合了社交与电商的元素，为用户提供前所未有的便捷购物体验。想象一下，你正在浏览一篇关于时尚穿搭的笔记，突然对某位博主推荐的鞋子产生了浓厚的兴趣。这款鞋子恰好就在小红书的商城中，你无须跳转到其他平台，能直接在小红书软件上完成购买，这种流畅的体验让人欲罢不能。

当然，购物过程中难免会遇到一些问题，比如尺码不合适、商品质量不合格等，这时，你会需要售后服务。幸运的是，小红书在售后服务方面做得相当出色，凭借先进的 ChatGPT 技术，实现了自动回复和智能分析，让用户可以通过在线客服随时进行咨询和投诉，大大提高了售后服务的响应速度和处理效率。

不仅如此，小红书还利用文心一言进行情感分析和用户画像分析，进一步提升服务的个性化程度。当你浏览内容时，小红书会根据浏览记录、点赞、评论等信息，自动分析出你的兴趣爱好和需求偏好，为你推荐更符合你兴趣的商品。

案例 2：美团外卖

美团外卖，作为国内领先的外卖平台，凭借其卓越的服务和丰富的菜品选择，早已深入人心。在这个快节奏的时代，美团外卖为用户提供了便捷、高效的餐饮服务，让人们在忙碌的生活中享受到美食带来的乐趣。

为了满足用户的多样化需求，美团外卖在客服方面下足了功夫。借助先进的 ChatGPT 技术，美团外卖实现了自动回复和智能分析，大大提高了客服效率和质量。

此外，美团外卖还采用文心一言进行情感分析，深入了解用户的反馈和意见。通过分析用户的评论、评价等数据，文心一言能够准确捕捉到用户的情感倾向，为美团外卖提供宝贵的用户反馈，使得美团外卖能够及时了解用户的真实想法，对服务进行有针对性的改进，进一步提升用户满意度。

案例 3：智慧学堂

在线教育平台智慧学堂致力于提供高质量的教育资源和学习体验。为了进一步提升学生的学习效果和参与度，平台引入了文心一言和 ChatGPT 作为智能学习助手。

智慧学堂采用文心一言实现个性化学习推荐。文心一言能够基于学生的学习记录、成绩、兴趣和反馈，分析并生成个性化的学习推荐。例如，它会根据学生的学习进度和理解能力，推荐相应的课程、练习题等学习资源。

文心一言还可以跟踪学生的学习进度，根据学习成果提供反馈。这有助于学生及时了解自己的学习状况，调整学习策略，并在必要时寻求帮助。此外，文心一言的情感分析功能能够监测学生的情感变化，如焦虑、困惑或出现挫败感。当检测到学生可能需要情感支持时，智慧学堂会触发干预措施，如提供鼓励的话语、建议学生寻求辅导或与他人交流。

与此同时，ChatGPT 被整合到智慧学堂的问答系统中，帮助平台理解学生的问题，并提供即时、详细的回答。

习　　题

5-1　什么是大模型？

5-2　我国的大模型研究状况如何？

5-3　ChatGPT 的技术逻辑是什么？

5-4　ChatGPT 的技术优势有哪些？

5-5　举出一些现实生活中应用大模型的案例。

实　　验

1．实验主题

使用文心一言写一篇小说或一份行业分析报告。

2．实验说明

随着人工智能技术的飞速发展，人工智能在文学创作和行业分析等方面的应用逐渐受到人们的关注。文心一言作为一种先进的人工智能模型，具备强大的自然语言生成能力，能够理解自然语言，模拟人类的思维模式和语言表达方式，自动生成目标文章或报告。它还具备学习能力，能够通过与用户的对话不断提高输出质量。

3．实验内容

（1）申请文心一言账号，设计如下内容的引导用语（明确的范围和定义），并对结果进行分析。如果有多个账号，则可以对不同大模型的回答结果进行对比。

（2）选择题材或行业，比如：选择一种热门小说题材，或者选择一个热门行业，如新能源汽车、互联网等。

（3）输入引导语，比如：简要描述小说背景、人物设定和情节走向，简要概述行业背景、发展现状及未来趋势。

（4）生成小说或产业报告，比如：将引导语输入文心一言，生成小说内容，或者生成报告内容。

（5）内容评估反馈，邀请其他人对生成的小说内容进行评价，其中包括创意、连贯性、情感表达等；或者对生成的报告进行评价，其中包括行业洞察、市场分析、竞争态势等方面。

4．提交文档

根据以上内容撰写一份 Word 格式的报告文档，设计问题并对结果进行分析，结合自身的需求思考如何使用文心一言提高学习效率。

项目六　AIGC

　　AIGC 指利用人工智能技术来生成全新的、有价值的、非简单的内容。人工智能可以通过学习大量数据和资料，自动生成具有特定风格和特征的内容，例如文章、视频、音频等。随着人工智能技术的不断发展，AIGC 的应用场景也越来越多。

　　本项目的主要内容：

　　（1）AIGC 的基本内容；

　　（2）AIGC 的应用场景。

☙ 导读案例 ☙

让人沉迷的 AIGC 是真创意还是假潮流？

　　要点：AIGC 广泛应用于小红书、微博、知乎等平台，各平台对 AIGC 有不同的应用态度和策略。

　　人工智能技术的迅猛发展不断刷新着我们的认知，AIGC 已经迅速渗透到各大内容平台之中。尽管人们对它的态度各异，但小红书已经积极投身于 AIGC 的浪潮之中。

　　据媒体报道，小红书自 2023 年 3 月起便开始组建专门的大模型团队，并且有多个部门在并行推进 AIGC 技术的实际应用探索。在产品应用层面，小红书推出了人工智能绘画模型 Trik。

　　小红书在 AIGC 领域的积极布局，无论是自主研发还是通过合作伙伴，都显示出其主动发展 AIGC 新兴技术的强烈意愿，甚至有意在竞争中取得先发优势。当然，其他平台也在关注 AIGC 的发展。

　　百家号发布了人工智能笔记功能，该功能不仅能润色和提炼文稿，还能基于选定场景和关键词扩展文案，甚至包括生成标题和发布动态。

微博在超级红人节上宣布即将推出 AIGC 创作助手，其目的是提高创作者的工作效率。该助手将学习知名微博用户的创作模式，并结合热点话题，为创作者提供灵感和帮助，提供的服务包括文章标题、摘要创作，视频编辑、配音，以及直播话题和互动建议等方面。

与一些平台将 AIGC 大张旗鼓地推向前台不同，知乎在这方面表现得更为谨慎。知乎发布了《关于应用 AIGC 能力进行辅助创作的社区公告》（以下简称《公告》），明确表示将对大量发布 AIGC 类内容的账号进行打击。《公告》中指出，有用户在未声明的情况下发布 AIGC 内容，这使得读者难以辨识内容的来源；还有账号通过批量发布 AIGC 内容，以不当手段提升账号等级。对此，知乎要求创作者在发布 AIGC 参与创作的作品时，必须使用"包含 AI 辅助创作"的标签，否则将面临流量限制，并由官方补充标识。同样地，抖音也发布了平台规范与行业倡议，强调发布者应对人工智能生成的内容进行明确标识，同时要求虚拟人物在平台上进行注册。

这引出了一个问题：平台是否能够准确识别内容是由人工智能还是真人生成的？尽管知乎对 AIGC 内容的泛滥持禁止态度，但它也以一种新的方式拥抱了这一趋势。2023 年 4 月，知乎宣布与面壁智能科技公司合作，推出了"知海图 AI"中文大模型，并启动了平台首个基于大模型的功能"热榜摘要"的内测。同年 5 月，知乎又宣布"搜索聚合"功能开始内测，该功能在用户搜索时，能从众多问题和回答中整合并展示信息，这些新功能可以间接地在内容生产上辅助创作者。可以看出，知乎并没有完全拒绝 AIGC，而是采取了一种更为巧妙的方式来适应这一潮流。在内容创作领域，各大平台对 AIGC 持有复杂的态度，既警惕又拥抱。但不论各平台采取何种策略，AIGC 作为一种新兴力量，其影响力正迅速扩散至更广泛的领域。

6.1　AIGC 概述

6.1.1　什么是 AIGC

AIGC 被认为是继专业生成内容（Professional Generated Content，PGC）、用户生成内容（User Generated Content，UGC）之后的新型内容创作方式。AIGC 让内容创作者由人

变成了人工智能，是人工智能从 1.0 时代进入 2.0 时代的重要标志，其核心思想是利用人工智能模型，根据给定的主题、关键词、格式、风格等条件，自动生成各种类型的文本、图像、音频、视频等内容。AIGC 可以广泛应用于媒体、教育、娱乐、营销、科研等领域，为用户提供高质量、高效率、个性化的内容服务。

AIGC 是一种前沿和创新的人工智能技术，正在不断发展和进步。随着人工智能模型的改进和优化，以及数据资源的丰富和完善，AIGC 将能够生成更高质量、更多样化、更个性化的内容，满足用户的各种需求和场景。此外，AIGC 还将与其他人工智能技术相结合，实现更强大和更智能的内容服务。例如，AIGC 可以与自然语言处理、计算机视觉、语音识别、语音合成等技术相结合，实现文本到图像、图像到文本、文本到语音、语音到文本等跨媒体内容生成。AIGC 也可以与机器学习、深度学习、强化学习、生成对抗网络等技术相结合，实现更自主和更灵活的内容生成。

6.1.2　AIGC 的分类

AIGC 在生成内容层面可分为四方面：语言生成、图像生成、音频生成、视频生成。

（1）语言生成

语言生成指神经网络所掌握的语义概率模型，根据任务需求来创造和输出语言文本。

语言生成已在多个行业中得到广泛应用，代表应用如图 6-1 所示。金融业利用语言生成应用来分析财务报告、企业定期报告等金融材料，以生成关键信息摘要与投资策略建议。电商利用语言生成应用来生成商品描述、商品评价、商品推荐等内容。新闻与媒体利用语言生成应用来生成新闻报道，或进行内容创作。教育行业利用语言生成应用来协助教师生成教学计划与教学方案，辅助教师批改作业，为学生提供学习辅导。医疗行业利用语言生成应用来协助医生撰写医疗方案与病例，帮助病患匹配医疗资源等。

图 6-1　语言生成的代表应用

（2）图像生成

图像生成指运用人工智能技术，根据给定的数据进行单模态或跨模态生成图像的过程。根据任务目标和输入模态的不同，图像生成主要包括图像合成、根据现有图像生成新图像，以及根据文本描述生成符合语义的图像等。图像生成典型应用场景如图 6-2 所示。

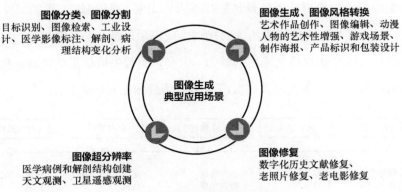

图 6-2　图像生成典型应用场景

（3）音频生成

音频生成指根据所输入的数据合成对应的声音波形的过程，主要包括根据文本合成语音、进行不同语言之间的语音转换、根据视觉内容（图像或视频）进行语音描述，以及生成旋律、音乐等。国内外音频生成的代表模型如图 6-3 所示。

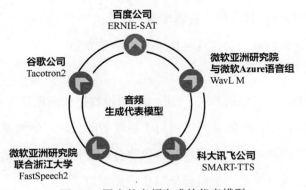

图 6-3　国内外音频生成的代表模型

按照输入数据类型的不同，音频生成可以分为根据文字、音频、肌肉震动、视觉内容等信息进行的声音合成。按照场景的不同，音频生成又可以分为非流式音频生成和流式音频生成，其中，非流式音频可进行一次性输入和输出，适合应用在以语音输出为主的相关场景；流式音频则可以对输入数据进行分段合成，响应时间短，适合应用在语音交互相关场景中，能够带来更好的体验。

（4）视频生成

视频生成指通过对人工智能模型的训练，使模型能够根据给定的文本、图像、视频等单模态或多模态数据，自动生成符合描述的、高保真的视频内容。

与视频生成相关的典型应用场景包括视频内容识别、视频编辑、视频制作、视频增强、视频风格迁移等。目前与视频编辑相关的视频生成应用逐渐成熟，但与精细化控制还存在一定差距，尚未形成产业规模化应用的能力。未来，随着生成效果的提升，视频生成在很多行业将具备广阔的应用前景，其典型产业应用场景如图 6-4 所示。

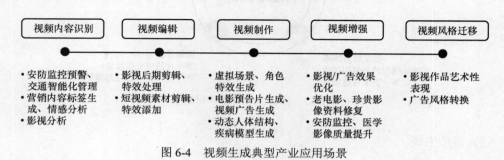

图 6-4　视频生成典型产业应用场景

6.1.3　AIGC 的关键技术

AIGC 涉及多种技术，其中包括机器学习、计算机视觉、自然语言处理、优化算法等。下面将以游戏应用场景为例，对这几种技术进行简要介绍。

（1）机器学习

机器学习是 AIGC 的核心技术之一，是一种通过数据训练模型来实现自主学习和智能决策的方法。在 AIGC 中，机器学习可以用于创建智能代理，例如游戏角色、机器人等，使它们能够根据不同的游戏状态和用户输入内容自动进行决策和行动。机器学习的主要方法包括监督学习、无监督学习、半监督学习和强化学习。

（2）计算机视觉

计算机视觉也是 AIGC 的核心技术，可以使计算机理解和解释视觉信息，例如图像和视频。在 AIGC 中，计算机视觉可以用于游戏中的自适应图形、虚拟现实、增强现实等方面，以及对玩家的行为进行跟踪和分析。计算机视觉的主要方法包括特征提取、图像分类、目标检测和语义分割。

（3）自然语言处理

自然语言处理是 AIGC 涉及的技术，使计算机能够理解和生成自然语言。在 AIGC 中，自然语言处理可以用于游戏中的对话系统、自动生成任务和剧情等应用，以及对玩家输入的语言进行分析和处理。自然语言处理的主要方法包括语音识别、文本分类、情感分析和文本生成。

（4）优化算法

优化算法是 AIGC 技术的重要组成部分，可以使计算机自动优化策略和行动，从而提高游戏和计算系统的效率和性能。在 AIGC 中，优化算法可以用于解决强化学习中的探索与利用、高维状态空间等问题，以及在数据分析和决策中进行优化和搜索。优化算法的主要方法包括遗传算法、粒子群算法、蚁群算法和模拟退火算法。

AIGC 的关键因素有数据、算力和算法，如图 6-5 所示。在这三要素中，算法是直接决定生成效果的关键，数据直接影响生成结果的准确性，算力是生成效率的加速器，三者相辅相成、互为前提。

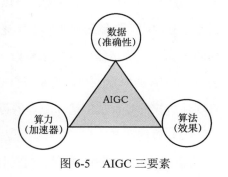

图 6-5　AIGC 三要素

6.2　AIGC 的应用场景

6.2.1　AIGC 在传媒行业的应用

AIGC 作为当前新兴的内容生产方式，正在赋能媒体的内容生产方面。写稿机器人、采访助手、视频自助式字幕、语音播报、视频集锦、虚拟主持人等相关应用已不再新鲜。除了"肉眼可见"的应用，AIGC 还逐渐向媒体的各业务流程渗透，深刻地改变了媒体的内容生产模式，成为推动媒体融合发展的重要力量。AIGC 在传媒行业的应用主要涉及采编和传播两个环节。

（1）采编环节

采访录音转写稿件，提升工作效率，改善工作体验。过去的采编完全依赖人力，即便借助电脑等设备，也让人头疼。现在借助语音识别和文字编辑技术，语音可以实时转换成文字，并同时完成文稿润色和修订，只需要采编人员确认内容和调整个别语句。这提高了工作效率，同时让新闻的时效性得到了更好的保障。2022 年北京冬奥会期间，科大讯飞的智能录音笔以跨语种的语音转写能力让记者在数分钟即可出稿。

智能新闻写作，提升新闻资讯的时效性。基于算法，AIGC 可以自动生产新闻，帮助媒体工作人员快速生产内容。2014 年 3 月，一个名为 Quakebot 的机器人在地震发生后，仅用了 3 min 就生成了相关新闻稿。中国地震台网的写稿机器人也曾在九寨沟地震发生后，在 7 s 内完成相关新闻稿的生成。

智能视频剪辑，提升视频工作效率。通过现在常见自助式字幕生成、视频集锦、视频拆条与超分等剪辑工具，AIGC 可以有效降低人力与时间成本。2020 年两会期间，《人民日报》社利用"智能云剪辑师"快速生成视频，并实现自动匹配字幕、人物实时追踪、画面防抖动、横屏转竖屏等技术操作，以适应多平台分发要求。2022 年冬奥会期间，央视通过"AI 智能内容生产剪辑系统"，高效生产与发布冬奥项目的视频集锦，为深度开发体育媒体版权内容价值创造了更多的可能性。

（2）传播环节

AIGC 的传播应用主要集中在以虚拟主持人为中心的新闻播报等领域。虚拟主持人开创了新闻领域实时语音及人物动画合成的先河。只需输入要播报的文本内容，AIGC 就会生成相应的虚拟主持人播报新闻的视频，而且虚拟主持人的声音、表情、嘴型自然一致，能够达到与真实主持人同样的信息传达效果。图 6-6 展示的央视频 AI 手语翻译官聆语便是一个虚拟主持人。

图 6-6　虚拟主持人

虚拟主持人在传媒领域的应用有 3 种趋势。

应用范围不断拓展。目前新华社等国家级媒体及东方卫视等省市级媒体,都开始积极探索虚拟主持人。虚拟主持人逐渐从新闻播报拓展到晚会主持、现场记者、天气预报等更广泛的应用上。

应用场景不断升级。除了常规式主持播报,虚拟主持人也开始陆续支持多语种和手语播报。2022 年冬奥会期间,百度、腾讯等企业陆续推出手语播报数字人,为广大听障用户提供手语解说,推动体育赛事的无障碍进程。

应用形态日趋完善。在形象上,虚拟人逐步从二维走向三维;在驱动范围上,已从只有口型变化发展到面部表情、肢体与手指动作、背景内容等一应俱全;在内容构建上,从支持 SaaS 化平台工具构建向智能化生产延伸。

6.2.2 AIGC 在影视行业的应用

AIGC 在影视行业的应用可以从前期创作、中期拍摄和后期制作三方面进行探讨。

(1)前期创作——AIGC 为剧本创作提供新思路

AIGC 可以通过深度学习模型和智能算法生成故事情节、角色和场景等,为电影、电视剧等影视作品的创作提供更加广阔的思路和技术支持。这种技术广泛应用于创意策划、剧本创作、角色设计等方面。例如,AIGC 可以通过对大量电影剧本进行分析,生成新的剧本或故事情节,也可以根据特定需求生成符合要求的角色形象和场景设计方案。

(2)中期拍摄——AIGC 扩展角色和场景创作空间

AIGC 可以通过智能算法和深度学习模型协助完成拍摄过程中的各项工作,如自动布景、自动调整灯光、自动剪辑等。这种技术广泛应用于数字特效制作、虚拟拍摄等方面。例如,AIGC 可以通过对大量电影镜头进行分析,生成符合要求的特效镜头,也可以通过虚拟现实技术实现各种场景的模拟和拍摄。

(3)后期制作——AIGC 赋能影视剪辑,升级后期制作的能力

AIGC 可以通过深度学习模型和智能算法对拍摄完成的影视作品进行后期制作,如自动剪辑、自动配乐、自动特效处理等。这种技术广泛应用于短视频制作、电影剪辑等方面。例如,AIGC 可以根据特定的输入或指令自动剪辑和调整电影片段,也可以通过对大量影视作品进行分析,生成符合要求的配乐和特效。

6.2.3　AIGC 在电商领域的应用

AIGC 在电商领域的应用主要体现在商品展示、主播塑造、交易场景、市场营销、客户服务等五方面。

（1）商品展示

AIGC 可以通过深度学习模型和智能算法生成各种类型的商品图片和视频，为用户提供更加丰富、多样化的商品展示方式。这种技术广泛应用于电商平台的商品展示和搜索等方面。例如，AIGC 可以根据用户输入的服装设计图或照片，自动生成符合要求的服装图片和视频，并展示在电商平台上，以供用户选择。

（2）主播塑造

AIGC 可以通过深度学习模型和智能算法生成虚拟主播形象和声音，并为主播提供各种类型的直播内容和互动方式，吸引更多用户观看和购买产品。这种技术广泛应用于电商直播和在线导购等方面。例如，AIGC 可以根据用户输入的文本或音频，自动生成符合要求的虚拟主播形象和声音，并让该主播在电商直播中为用户提供在线导购服务。

（3）交易场景

AIGC 可以通过深度学习模型和智能算法生成各种类型的互动交易场景，为用户提供更加丰富、多样化的交易体验。这种技术广泛应用于电商平台的交易和营销活动等方面。例如，AIGC 可以根据用户输入的指令或音频，自动生成符合要求的交易场景，方便用户进行交易。

（4）市场营销

AIGC 可以通过自然语言处理和数据分析技术对大量用户数据进行分析，并根据分析结果生成符合要求的营销文案和推广策略，提高电商平台的营销效果和用户转化率。这种技术广泛应用于电商平台的广告投放和推广策略制定等方面。例如，AIGC 可以根据用户的历史购买和浏览记录，自动生成符合要求的商品营销文案，并推送给目标用户。

（5）客户服务

AIGC 可以通过自然语言处理和对话管理技术来生成智能客服系统，提供 24 小时不间断的在线客服服务，及时解决用户的问题和疑虑，提高用户满意度和忠诚度。这种技术广泛应用于电商平台的客户服务和管理等方面。例如，AIGC 可以根据用户的提问和反馈，自动生成符合要求的回答和建议，并实时与用户进行交流。

习　　题

6-1　什么是 AIGC？

6-2　简述 AIGC 的分类。

6-3　简述支持 AIGC 飞速发展的技术。

6-4　举例说明 AIGC 的应用场景。

实　　验

1．实验主题

使用达摩院通义文生图大模型生成图像。

2．实验说明

阿里巴巴公司开发的人工智能驱动的图像生成模型，名为达摩院通义文生图大模型。只需要输入文字描述或关键词，该模型就可以自动生成对应的图像。

3．实验内容

① 自主学习达摩院通义文生图大模型的使用方法。

② 创建文本，描述自己的需求。

③ 在达摩院通义文生图大模型中点击生成创意画。

④ 选择不同的风格，生成图像。

4．提交文档

根据以上内容撰写一份 Word 格式的报告文档，其中包含所描述的需求，以及生成的图像。

· 行业篇 ·

项目七　人工智能的生活应用

人工智能，正在逐渐深入我们的日常生活。从个性化推荐到智能网购，从智能助理到智能家居，人工智能应用正在不断为我们的生活带来诸多便利和变革。

本项目的主要内容：

（1）人工智能在电子商务领域中的应用案例；

（2）人工智能在游戏领域中的应用案例；

（3）人工智能在智能家居领域中的应用案例。

导读案例

AR 试衣与人工智能技术引领购物潮流

要点： 人工智能技术广泛应用于日常生活中，极大地提升了生活的便利程度和效率，同时为人们提供了更高质量的服务和产品，为各行各业未来的发展带来了无限的潜力。

虚拟穿搭，简言之，就是利用虚拟现实技术，让消费者在不受时空限制的情况下进行试衣、搭配和购买操作，解决了网络购物中服装品类的一大痛点：无法试穿。毕竟，商家的产品图片往往难以真实地展现服装的穿搭效果。

为了攻克这一痛点，商家纷纷将目光投向了基于人工智能的 AR 试衣技术。借助这一技术，消费者可以在虚拟环境中轻松试穿各种服装，直观地看到穿搭效果。图 7-1 展示的虚拟试衣镜便是虚拟穿搭技术的典型应用。

在人工智能技术的加持下，虚拟穿搭技术更是如虎添翼。人工智能技术能够根据消费者的购物行为和喜好，提供更加精准的购买建议，从而降低误购风险。基于人工智能技术的智能推荐系统，能够针对每位消费者的独特情况，推荐适合他们的服装和搭配方案，这极大地提高了消费者的购物效率和满意度。

虚拟穿搭技术正在深刻改变传统的服装购买方式，变得更加数字化、智能化和个性化。具体来说，它对服装购买产生了如下影响。

打破时间和空间限制：消费者可以在任何时间和地点进行试穿和购买。

满足个性化需求：虚拟穿搭技术可以根据消费者的购物行为来提供更加个性化的购物体验。

提高购物效率：通过智能推荐和三维建模等技术，让消费者更快地找到适合自己的服装。

改变传统零售业：虚拟穿搭技术的广泛应用将让服装品牌和电商平台提供更加数字化和智能化的购物体验。

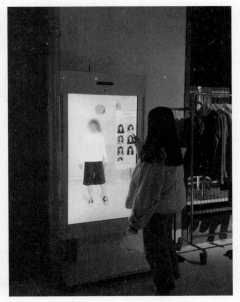

图 7-1　虚拟试衣镜

7.1 人工智能+电子商务

随着人工智能技术的进步，电商企业获得了重要的发展机遇。应用人工智能技术不仅能够降低企业的人工成本，还能提高企业运营的效率。目前人工智能技术在电子商务领域中主要有以下应用：智能客服机器人、智能推荐引擎、库存智能预测、货物智能分拣、商品智能定价。

7.1.1　应用案例——智能客服机器人

智能客服机器人是一种基于人工智能技术的自动化客服系统，旨在提供高效、准确、个性化的客户服务。它可以模拟人类客服的回答和行为，提供 24 小时不间断的客户服务。智能客服机器人不仅可以提高客户需求的响应效率和服务质量，还能降低成本，提升用户体验。

最初，智能客服机器人只能通过预设的回答和规则提供简单的文本自动回复。随着语音识别和语音合成技术的进步，智能客服机器人实现了语音交互，达到了智能化、自动化和个性化的高水平。运用自然语言处理、机器学习、语音识别等技术，智能客服机器人能够通过语音、文字等多种方式与用户进行交互，并且能更准确地理解用户意图，提供个性化的服务。相比于传统的人工客服，智能客服机器人具有以下优势。

快速响应：智能客服机器人能够迅速回应客户的询问，无须让客户等待人工客服的回复，显著缩短了客户需求的响应时间。

高效率：智能客服机器人能够同时处理多个客户的请求，不受时间和空间的限制。

成本节约：与需要支付薪资、社保等成本的人工客服相比，智能客服机器人的成本更低，为企业节省了大量的人工成本。

实时监控：智能客服机器人能够实时监控客户服务质量，及时发现和解决问题，从而提高客户满意度。

目前，智能客服机器人已取代人工客服的部分工作，具体如下。

① 解答顾客购物过程中遇到的问题，如提供商品介绍和购买建议；

② 自动处理订单，快速回复咨询，查询订单状态和物流信息；

③ 提供退/换货咨询服务，根据需求，自动提供退/换货流程和注意事项；

④ 快速处理投诉和反馈，了解顾客需求和意见，提供解决方案和满意度调查。

很多电商企业已经采用了智能客服系统，这些智能客服系统可以分析用户提问的语义、关键词等信息，自动回答用户的问题，提供全天候的在线客服服务。它们提高了订单处理效率、退换货服务效率、投诉处理效率和数据分析能力，可以为客户提供更智能、更高效的服务。

7.1.2 应用案例——智能推荐引擎

随着电子商务规模的持续扩大，商品数量和种类也在快速增长，这使得顾客在寻找心仪的商品时可能需要花费大量时间。为了解决这一问题，智能推荐引擎应运而生。

智能推荐引擎是一种基于人工智能技术的自动化推荐系统。它综合利用用户的行为、兴趣、需求，以及商品的属性、内容、分类和用户间的社交关系等信息，通过深入分析用户的喜好和需求来构建用户画像，并采用多种推荐算法为用户推荐符合其兴趣和需求的商品或服务。在电子商务领域中，智能推荐引擎扮演着重要的角色，它能发现用户的当前或潜在需求，并主动推送商品，从而提高电商平台的用户购物效率，增加销售额，并助力电商平台实现更精细化的运营和营销。

当用户查看商品时，智能推荐引擎能够实时推荐相关的新品和促销商品，吸引用户的注意力并促进其购买。通过对商品的销量、好评率等信息进行分析，智能推荐引擎将最受欢迎的商品排在前面，提高用户下单率。根据用户的购买记录，智能推荐引擎会推荐用户可能感兴趣的周边商品，从而促进交叉购买。例如，用户购买了一件衣服后，智能推荐引擎会推荐与该衣服相关的新品、配饰和鞋子等商品，进一步促进用户的交叉购买。针对不同地区的用户，智能推荐引擎还会根据当地的配送情况和特殊需求，为用户提供更适合的商品推荐。

淘宝网的"猜你喜欢"栏目就是一个典型的个性化推荐案例，如图 7-2 所示。这个栏目位于淘宝网首页的醒目位置，用户可以轻松浏览并发现符合自己兴趣的商品。它所推荐的内容是基于用户的浏览历史、购买行为，以及商品的属性和分类等多维度数据计算得出的。通过个性化推荐算法，"猜你喜欢"为用户提供个性化的购物体验，这一推荐的准确性和实时性会随着用户的浏览历史和购买行为的变化而持续更新。同时，淘宝网还会根据不同的时间段和活动场景推出不同类型的推荐商品，以满足用户多样化的购物需求和兴趣。除了"猜你喜欢"栏目，淘宝网还推出了多种基于个性化推荐的购物方式，如"相似宝贝""搜索推荐"等，它们的这些推荐方式均采用了人工智能技术。

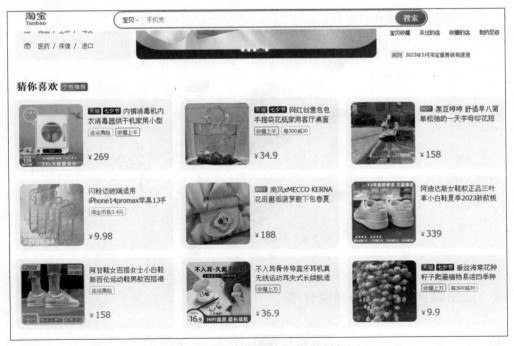

图 7-2　淘宝网的"猜你喜欢"栏目

7.1.3　应用案例——库存智能预测

库存管理对电商企业来说至关重要，是电商企业运营的心脏。库存不足会导致商家错过销售机会，而库存过多又会增加营业风险和资金需求，因此准确预测库存显得尤为重要。然而，在实际操作中，库存预测并不容易实现，因为涉及的因素非常复杂且变化无常。良好的库存管理和周转能力直接体现了电商企业的实力，它能直接影响销售、物流等环节。

库存智能预测是一种运用数据分析和人工智能技术来预测未来库存需求和销售趋势的方法，旨在助力企业优化库存管理、调整销售策略，进而提升企业盈利能力。目前，智能库存预测已经得到广泛应用，基于人工智能的先进算法能够识别影响订单周转的关键因素，并通过模型计算这些因素对库存的具体影响。

多渠道库存规划管理（如图 7-3 所示）中需要考虑的因素众多，例如销售速度、订单规模、库存容量、补货成本等，这些因素的变化往往导致库存需求出现剧烈波动。此时，人工智能技术能够发挥巨大作用，相关算法能够自动处理海量数据，并生成精确的预测结果。同时，这些算法还能综合考虑其他因素，如销售历史数据、竞争对手动态、天气预报、节假日等，通过将这些因素输入预测模型，得到更准确的库存需求预测，为企业制定更加精细化的库存策略提供有力支持。

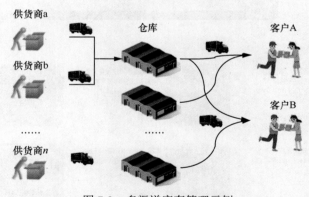

图 7-3　多渠道库存管理示例

7.1.4　应用案例——货物智能分拣

随着订单量的急剧增长，分拣和配送规模持续扩大，传统的人工分拣已经无法满足需求。人工智能为智能分拣提供了强大的技术支持，给电商企业的仓储提升运营效益带来了革命性的变化。

智能分拣指利用人工智能技术和相关设备，对货物进行自动、精准分拣和分类的过程，其应用场景如图 7-4 所示。智能分拣设备可以快速、准确地识别货物，并将货物发送到相应的格子货仓或者货物通道，完成自动分拣。智能分拣技术可以避免人为因素造成的分拣错误，提高分拣的准确性和可靠性，因此广泛应用于物流应用场景。

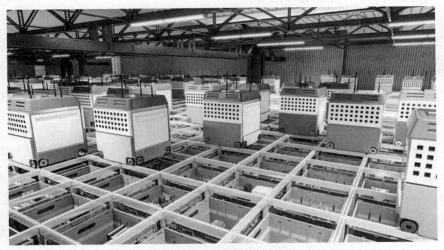

图 7-4　智能分拣应用场景

智能分拣的实现得益于机器视觉、深度学习、自然语言处理等技术。机器视觉技术通过传感器等设备对货物进行图像处理和识别，实现货物的分类和分拣。深度学习技术通过对大量数据进行学习，让系统具有自动识别和分拣货物的能力。自然语言处理技术可以通过语音识别和自然语言处理等手段，实现人机交互和命令控制。

常用的智能分拣设备包括自动化分拣设备、智能物流机器人、无人仓储系统。

自动化分拣设备可以实现货物的自动分拣和分类。货物通过输送带运输到指定位置，其中，输送带的速度和方向可自动变化，将货物输送到指定的分拣口。分拣机通常使用机械手或吸盘等装置，采用运动控制和视觉识别等技术，实现货物的精准分拣和分类。

智能物流机器人可以通过机器人的移动和操作，实现货物的精准分拣和搬运。智能物流机器人具有自主移动能力，可以通过激光雷达等传感器实现环境感知和路径规划，从而在仓库或物流中心中进行自主导航和移动。此外，智能物流机器人通过机械臂或抓取装置完成货物的抓取、搬运、装载等操作。

无人仓储系统可以通过自动化设备和技术，实现货物的存储、分拣、出库等操作。使用智能货架或立体仓库，实现货物的存储和管理。货架通过物联网技术以及传感器等相关设备，实现货物的自动存储和取出。自动分拣设备和智能物流机器人实现货物的自动分拣和出库。无人仓储系统能够对货物进行自动化管理、分拣、出库等操作，实现货物的实时监控和管理。

7.1.5 应用案例——商品智能定价

在当今竞争激烈、市场透明的环境下，价格作为竞争的重要指标，不再像以前那么稳定和简单。随着比价越来越方便，零售商必须随时根据市场需求和竞争情况调整价格，以保持竞争力和吸引消费者。由此可知，价格策略的制定和调整对于零售商来说至关重要。

基于数据和人工智能驱动的智能定价策略已经成为商业竞争中必须掌握的新技术和手段。传统模式下，商家需要依据以往数据和自身的经验制定商品价格策略。然而，在激烈的市场竞争中，商品价格需要随着市场的变化及时进行调整，否则可能会失去竞争力。然而，长期的价格调整对企业来说是一种巨大的挑战，需要企业重新计算成本、分析市场数据、调整销售策略等。而引入人工智能技术，利用机器学习与深度学习算法来分析市场数据和竞争对手的价格数据，那么企业可以制定出更加精准和灵活的定价策略，快速适应市场变化和满足客户需求。智能定价模式主要有以下 3 种。

（1）预测价格模式

预测价格模式指智能定价系统利用数据分析技术，通过分析商品历史销量、市场需求、竞争对手定价等数据，预测商品的价格与销售数量之间的关系，从而预测出最优的销售价格。这种模式有助于企业实现收入和利润的最大化。例如，企业生产销售短袖上衣，一件短袖上衣的成本价为 25 元，通过数据分析，智能定价系统预测出定价为 49 元时可以卖出1000 件。但如果把短袖上衣的定价调整为 39 元，那么可以卖出 10000 件，这时企业可能会考虑扩大市场份额而采用 39 元的较低定价。

（2）动态定价模式

动态定价模式指智能定价系统根据当前的市场需求和竞争情况来实时调整商品的价格。例如，在节假日或特定时间段，企业可以提高产品的价格，利用强劲的需求提高企业的利润。如果竞争对手将产品价格降低，产品热度下降，那么智能定价系统可以将该产品价格调低，以吸引消费者。这种动态定价模式会持续地监控定价策略的效果，根据效果反馈来及时调整和优化价格策略，以更好地适应市场情况。

7.1.6　发展前景

电子商务行业在面临日益激烈的竞争压力下，不断探索和创新，以保持其竞争优势。随着深度学习、计算机视觉、语音识别、机器人自动处理系统等技术的稳步发展，人工智能与电子商务的融合已成为一个显著的趋势。

（1）情感人工智能辅助决策

当前，智能客服机器人普遍存在"感情化"不足的问题，因此情感人工智能将成为电子商务行业的下一次革命。情感人工智能可以通过分析消费者在浏览商品时的行为数据，如停留时间、了解商品花费时间、相似产品的浏览情况、购物车添加相似产品数目等了解消费者想法，判断出消费者的需求，提供合理的建议。

例如，如果消费者在浏览某件商品时停留了很长时间，那么情感人工智能可能会判断消费者对这件商品感兴趣，并提供相关的建议或信息，帮助消费者做出购买决策。此外，情感人工智能还可以根据消费者之前的购买记录和偏好，提供更加个性化的建议和推荐，帮助消费者更快地找到想要购买的商品。

（2）虚拟主播

虚拟主播是一种由人工智能技术驱动的主播，可以根据直播内容做出相应的表情和动作，模拟人类主播的行为和语言。这种新的直播方式不仅具有成本效益高、灵活性强等优点，还可以通过个性化设计吸引特定的受众，为品牌带来更多的曝光，提高用户互动参与度。

图 7-5 展示了某虚拟主播直播时的情况。在直播过程中，虚拟主播可以介绍产品、回答用户提问、推荐商品。

虚拟主播实现 7×24 小时不间断直播，解决了真人主播无法长时间直播的难题，降低人工成本，提升直播效率，为用户提供更灵活的观看时间和购物体验。未来，随着技术的不断发展，虚拟主播将会越来越普及，成为品牌营销和用户互动的重要手段。

（3）人工智能绘图技术

人工智能绘图技术可以根据商家输入的描述信息，利用深度学习和图像生成技术，生成具有视觉效果的图片。人工智能绘图技术生成的商品图片如图 7-6 所示。

图 7-5　虚拟主播直播

图 7-6　人工智能绘图生成的商品图片

　　除了生成商品图片，人工智能绘图技术还可以根据商家需求，生成具有创意的广告图片。商家只需通过输入广告的关键词、目标受众的特征等相关信息，人工智能绘图技术便会根据这些信息，利用图像生成技术自动生成具有创意的图片。

　　此外，人工智能绘图技术还能根据用户的需求和个性化特征生成定制化的产品设计和外观设计。用户只需输入自己的个性化需求和相关参数，人工智能绘图技术就能够自动生成符合其需求的设计方案。

7.2 人工智能+游戏

7.2.1 发展历程

2016 年，由谷歌公司开发的人工智能围棋程序 AlphaGo 与世界围棋冠军李世石进行了 5 局对弈，最终以 4∶1 的结果战胜了世界冠军李世石。这一事件引起了全球范围内的轰动和关注。AlphaGo 采用了深度学习和强化学习等人工智能技术，通过大量的训练和迭代，不断提高自身的围棋水平。AlphaGo 的成功为人工智能技术在游戏领域的应用提供了启示和借鉴。

人工智能在游戏领域的应用越来越普遍，可以用于实现游戏中的各种功能，比如与玩家进行比赛和交互；还可以根据人类玩家不同行为作出不同反应，提高游玩体验和游戏效果。人工智能在游戏领域的发展进程可以大致分为以下几个阶段。

（1）初步应用阶段：基于规则和状态机的实现方式

20 世纪 80 年代至 90 年代初，随着计算机技术的不断发展，人工智能技术开始应用于游戏制作，其中主要是作为游戏中的敌人或非玩家控制角色（Non Player Character，NPC）的行为控制。例如，敌人可能会根据玩家的位置和生命值，选择追击、逃跑、攻击等行为。NPC 则可能会根据玩家的任务完成情况或其他因素，给予玩家不同的奖励或提示。这个阶段的人工智能技术实现方式相对较为简单，主要是基于规则和状态机的实现方式。此外，这个阶段的人工智能技术还包括一些简单的概率学和统计学方法，例如随机移动、随机攻击等。这些方法可以为游戏增加一些不确定性和趣味性，提高玩家的游戏体验。

（2）迅速发展阶段：基于机器学习算法和神经网络

20 世纪 90 年代至 21 世纪初，人工智能在游戏制作中的应用得到了显著提升。这个阶段的人工智能技术不仅局限于敌人和控制 NPC 的行为控制，还开始涉及关卡设计、音效等方面。在这个阶段，机器学习和神经网络等技术开始应用于游戏，使游戏中的人工智能角色的行为更加逼真、自然和具有智能性，为游戏增加更多的不确定性和趣味性，同时也提高玩家的游戏体验。在这个阶段，一些著名的游戏，如《星际争霸》《雷神之锤》《虚幻竞技场》等，都采用了人工智能技术。

（3）全面兴起阶段：基于深度学习算法和强化学习算法

21 世纪初至今，随着深度学习技术与强化学习算法的兴起，人工智能在游戏领域的应用得到了更大的拓展。深度学习技术可以处理更加复杂的游戏行为和场景，使得游戏角色的行为更加逼真、自然和具有智能性。深度学习技术使得游戏中敌人和 NPC 的行为更加多样化和复杂化，为游戏增加更多的挑战和乐趣。例如，基于深度学习的强化学习算法可以用于训练游戏中的 NPC 和敌人进行决策和行动，使得它们的行为更加智能化和具有策略性。深度学习技术还可以用于游戏中的图像识别、语音识别、自然语言处理等方面，为游戏的交互性和沉浸感提供了更多的可能性。

现在，人工智能技术在游戏领域充当着重要的角色，提高了游戏的互动性、可玩性和个性化，还为玩家提供更加丰富和沉浸式的游戏体验，同时也为游戏开发商提供了更好的数据支持和市场分析，发现更多的商业机会和发展空间。

7.2.2　应用案例——合成语音

当你在王者荣耀游戏的战场上听到那激情四溢的声音喊出"五杀"时，你就能感受到自己连续击败 5 个敌人的非凡快乐。这个令人振奋的声音激励着你勇往直前，增强了你在接下来的操作中的自信心，使你更容易获得比赛的胜利。这正是游戏语音的魅力所在。

在游戏开发中，语音扮演着重要的角色，可用于非玩家角色对话、角色配音、语音指导等方面，以增强游戏与玩家的互动。为了赋予游戏生动的声音和丰富的音效，游戏开发公司需要准备剧本、场景描述和声音需求等相关文档，然后选择适合角色类型的配音演员进行录制，并对录制后的语音进行后期处理。

对于游戏开发来说，声音录制是一项耗费时间和精力的工作。现在，借助人工智能技术，我们可以更加便捷地合成语音，只需输入所需合成的语音文本，就可以快速、准确地为游戏角色生成配音。这种不依赖传统的录音和配音流程的语音合成方式，可以节省大量的时间和资源，还可以帮助游戏开发者更好地控制游戏的声音效果。例如，他们可以根据游戏的需要，轻松地调整声音的音调和节奏，以匹配游戏的氛围和情感。此外，他们还可以通过调整文本输入来改变声音的效果，从而获得更加多样化的声音表现。

7.2.3 应用案例——内容审核

目前，游戏已经成为许多人日常生活中重要的娱乐方式。与此同时，游戏中的内容审核问题也越来越受到关注。这些问题包括违规内容、游戏作弊以及其他不良信息。

传统的内容审核是由审核员对内容直接进行审核的，这种方式的审核效率低，且会因人工疏忽而出现误判或漏判。为了解决这些问题，游戏开发和运营人员引入了人工智能技术进行内容审核。通过自动识别和过滤违规内容，人工智能技术可以大大提高内容审核的效率和准确率，降低人工审核的成本和出现错误的概率。同时，人工智能技术可以根据游戏规则和政策，对玩家的行为进行实时监测和管理，有效防止作弊行为和其他违规行为。此外，随着社会对个人信息隐私保护日益关注，人工智能在游戏领域的内容审核也成为一种重要的隐私保护手段，通过自动处理玩家的语音、文本等隐私信息降低玩家个人信息泄露和被滥用的风险。

游戏内容审核主要对以下内容进行审核。

文本识别和处理：自动判断文本内容是否涉及敏感信息，如政治敏感、低俗、辱骂等内容。这主要通过自然语言处理技术实现，包括分词、词性标注、情感分析等。此外，还可以利用文本分类技术对文本进行分类，如新闻分类、评论分类等。

图像识别和处理：自动判断图像是否涉及色情、暴力、广告等信息。这主要通过计算机视觉技术和深度学习算法实现，包括图像预处理、提取图像的颜色和形状等特征、分类器设计等。

语音识别和处理：自动判断语音内容是否存在违规信息。这主要通过语音识别算法和自然语言处理技术实现，包括语音预处理、语音转换文本、文本识别等。

内容审核的首要目的是确保游戏内容的安全，保护玩家的合法权益。人工智能技术在内容审核的应用和发展，既是对游戏产业健康发展的需求，也是对社会公共利益和玩家权益的保障。

7.2.4 应用案例——人脸动画

游戏玩家对游戏质量和体验的要求不断提高，游戏开发者也在不断探索和创新，以提高游戏的人物形象效果、场景效果和交互体验。其中，人脸动画是游戏创新的重要方向之一，它能够为游戏角色赋予更加逼真、自然、生动的表情和动作，增强游戏玩家的沉浸感。

　　传统的基于关键帧动画技术的人脸动画方法难以满足游戏开发的高效性和灵活性需求，手动设计人脸动画也需要耗费大量的时间和人力资源。

　　近几年，人脸动画技术得到了深度学习、神经网络和计算机视觉等人工智能技术的强有力支持。这些技术能够自动学习大量面部图像和视频数据中的人脸特征和规律，并利用生成模型生成逼真、自然的人脸动画。图 7-7 展示了一种使用人工智能技术生成的游戏角色。

图 7-7　使用人工智能技术生成的游戏角色

　　例如，在基于生成对抗网络的人脸动画方法中，生成对抗网络是一种深度学习技术，由两个神经网络组成，分别是生成器和判别器。生成器的任务是生成与真实人脸相似的人脸动画，判别器的任务是判断生成的人脸动画是否与真实人脸相似。通过这两个神经网络的对抗训练，生成器会不断改进自己，提高生成人脸动画的质量。

　　此外，自然语言处理技术也可以用于人脸动画生成，也就是通过输入文字描述或语音指令，自动生成对应的人脸动画。这种方法能够提取出文字描述或语音指令中的人脸特征，并将提取出的人脸特征映射到预先采集的人脸数据库中，寻找最匹配的人脸模板；之后根据找到的人脸模板，通过人脸动画生成算法生成对应的人脸动画。

　　基于人工智能的人脸动画生成技术为游戏开发提供了更加高效、灵活、智能化的解决方案，提高了游戏的质量和体验，同时也为游戏开发者提供了更多的创作空间和创意可能。

通过人脸动画，游戏角色可以更准确地表达情感。例如，当角色面临紧张情况时，"他们"的面部表情可以准确传达出紧张感，让玩家可以更好地理解角色的内心情感。

7.2.5　应用案例——市场调研

游戏开发者需要更加精准地了解市场动态、竞争对手数据分析和用户行为等信息，以制定更加有效的市场策略和产品开发计划。然而，传统市场调研方法主要依赖人工进行调研和数据分析，存在效率低下、数据准确性差，以及无法实时监测等突出问题，使游戏开发者难以准确把握市场趋势和用户需求。相比之下，人工智能技术在游戏领域市场调研中具有明显的优势和潜力。通过自动采集和分析游戏市场的相关数据，人工智能技术可以提供更准确、更快速的市场调研结果，帮助游戏开发者更加精准地了解市场和用户需求。与传统的市场调研方法相比，人工智能技术在游戏领域市场调研中的应用具有以下优势。

效率更高。人工智能可以自动采集和分析大量数据，从而大大提高市场调研的效率。

准确性更高。通过机器学习、自然语言处理等技术，人工智能能够更准确地提取有价值的信息。

实时监测。人工智能技术可以实时监测市场动态和用户反馈，及时发现市场的变化和用户需求的变化。

数据量更大。人工智能可以处理海量数据，其中包括游戏下载量、用户活跃度、游戏评分等，从而获得更全面的市场调研结果。

节省成本。通过减少人工参与和降低数据分析成本，人工智能技术可以帮助游戏开发者节省市场调研的成本。

7.2.6　发展前景

（1）模拟玩家真实感受

在游戏中，玩家会感觉到自己成为游戏世界的一部分，而不是简单的操作游戏角色。在身临其境方面，游戏可以通过虚拟现实技术让玩家感觉自己真的身处游戏的世界中。玩家可以通过头戴式显示器和手柄等设备，与游戏世界进行互动。图 7-8 展示的 HoloLens 版的《我的世界》便是这样一款游戏。

图 7-8　HoloLens 版《我的世界》游戏界面

在交互方面，游戏通过分析玩家的行为、反馈、情感等数据来模拟玩家的感受和体验，创建虚拟角色。例如，游戏中的 NPC 可以与玩家进行更加生动的交互和对话。

模拟玩家真实感受是"人工智能+游戏"面临的一个挑战。要做到这一点，游戏需要能够准确地分析和理解玩家的行为、反馈和情感。然而，这涉及一个复杂的问题，即玩家的行为和情感具有多样性，而且会受到许多因素的影响，如文化、年龄、性别、经历等。要模拟玩家的真实感受，就需要采用高度复杂的算法和模型，并结合大量的数据和先进的自然语言处理技术，这是人工智能技术在游戏领域未来发展中面临的一个巨大挑战。

（2）自动调整情节设定与修改

自动调整情节设定和修改游戏内容是基于人工智能技术的一种创新应用，通过机器学习技术分析玩家的操作数据，从而自动调整游戏的情节设定和内容，以更好地满足玩家的需求和兴趣。

自动调整情节设定指人工智能根据玩家的游戏进程和表现，动态地调整游戏的情节和难度。例如，当玩家在游戏中遇到困难时，人工智能可以通过增加游戏提示、降低游戏难度、提供额外奖励等方式来调整游戏的情节，以帮助玩家顺利渡过难关。当玩家在游戏中表现优异时，人工智能也可以通过增加挑战性、提高奖励等方式来增加游戏的乐趣和吸引力。这种自动调整情节设定的方式将使游戏更加适应玩家的技能水平和学习曲线，提高玩家的游戏体验和满意度。

自动修改游戏内容指人工智能根据玩家的游戏行为和反馈，动态地修改游戏的元素、关卡、角色等内容。例如，当玩家在游戏中表现出对某种游戏机制的喜爱时，人工智能可以通过增加相关机制的游戏元素、道具和关卡等方式来修改游戏内容，以更好地满足玩家的需求和兴趣。当玩家在游戏中表现出对某种游戏角色的喜爱时，人工智能也可以通过增加相关角色的故事情节、服装、技能等方式来修改游戏内容，以吸引玩家的注意和喜爱。这种自动修改游戏内容的方式将使游戏更加适应玩家的兴趣和喜好，提高玩家的游戏参与度和忠诚度。

（3）真实案例随机游戏化

真实案例随机游戏化是一种将真实的案例以游戏化的方式呈现，使玩家能够在游戏中体验到真实的业务场景，从而提高其应对复杂问题的能力。这种游戏化方法强调在过程中随机生成案例，使玩家在解决真实问题的同时，提高其应变能力和创新思维。

真实案例随机游戏化在人工智能游戏中有广泛的应用前景。例如，在战略游戏中，玩家可以通过真实案例随机游戏化平台体验真实的商业管理过程，提高其战略规划和决策能力。在推理游戏中，玩家可以通过真实案例随机游戏化平台来解决真实的谜题和案件，提高其推理和分析能力。在医疗游戏中，玩家可以通过真实案例随机游戏化平台来体验真实的手术过程，提高其应对紧急情况和复杂病例的能力。图 7-9 展示的破案游戏便属于这一类游戏。

图 7-9　破案类游戏

真实案例随机游戏化将成为提高玩家应对复杂问题能力的一种有效方法。随着人工智能技术的不断进步，真实案例随机游戏化将能够以更加智能化和个性化的形式呈现给玩家，从而更好地满足他们的需求和兴趣。同时，通过与现实世界的紧密结合，真实案例随机游戏化也将为玩家提供一个更加丰富和多样化的游戏体验，使他们能够更好地理解和应对现实生活中的挑战。

总之，人工智能技术在游戏领域为玩家呈现出更精彩的游戏效果。然而，这也需要游戏开发者不断探索和研究，克服各种技术和设计上的挑战。同时，我们也需要注意到人工智能游戏对社会和个人可能带来的影响和风险，如隐私泄露、沉迷等问题，应合理引导和管理人工智能游戏的发展。

7.3 智能家居

7.3.1 什么是智能家居

智能家居是一种利用智能化技术将家庭生活场景智能化的新型生活方式。它通过整合和控制传感器、控制器等装置，将家庭中的电器、照明、安防、环境监测等设备集成在一起，实现家庭生活的智能化。

1984 年，美国联合科技公司将建筑设备信息化、整合化概念应用于美国康涅狄格州哈特佛市的 CityPlaceBuilding 时，第一栋"智能型建筑"便出现了。从此，全球开始出现争相建造智能家居的热潮。随着技术的不断发展，如今智能家居得到了更加广泛的应用，各种智能家居设备已经普及。智能家居已成为一种新的消费趋势。

智能家居产品不仅是一个独立的硬件设备，而且通过与互联网、物联网等技术实现更加智能化、个性化的功能和服务。在图 7-10 中，人们通过智能手机可以对家居设备实现控制。

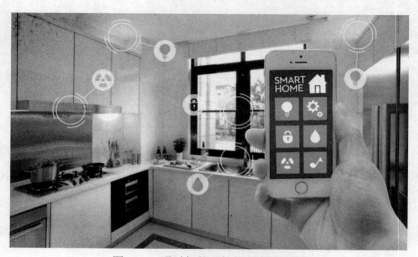

图 7-10　通过智能手机控制家居设备

7.3.2 智能家居的核心技术

通过物联网、云计算、大数据和人工智能等核心技术，智能家居可以实现远程控制、智能提醒、数据分析、个性化推荐等多种功能，为人们的居家生活带来更多的便利和舒适。

物联网技术：可以将家庭中的各种智能设备连接到网络中，实现设备的互联互通、数据共享和远程控制等功能。例如用户可以通过手机 App 对家中的灯、空调等设备进行远程控制。

云计算技术：在智能家居领域，云计算技术能够为消费者提供便捷的智能家居体验，其中包括远程控制、数据存储和分析等服务。

大数据技术：对于家庭环境数据、能源消耗数据等，大数据技术可以对这些数据进行采集、分析和处理，提供设备的实时监测和预警功能，让消费者享受更加精准的智能家居服务。

人工智能技术：在智能家居中扮演着重要角色，能够提供智能推荐服务，根据用户的作息时间和喜好，推荐适合的智能家居设备和使用方式，例如推荐节能的用电方案，根据用户的作息时间调整照明等。此外，人工智能技术还能使智能家居设备根据用户的实际环境情况自动调整控制策略和参数，如自动调节室内温度、亮度、湿度等，以更好地满足用户需求。它还能实现图像识别、语音识别等功能，实现家庭环境的智能识别和实时监测。举例来说，通过智能摄像头实时监控家庭环境，并通过人脸识别技术识别家庭成员，实现智能的家庭安全监控。此外，结合人工智能技术，智能家居设备能够不断学习和升级，根据用户的使用反馈和市场需求，不断改进和优化性能和服务。

7.3.3 应用案例——智能安防

智能安防系统可以通过人脸识别、行为识别等技术，对人物进行识别和监测，确保家庭安全。图 7-11 展示了智能安防的应用示意。与传统安防系统相比，智能安防系统的优势在于它可提供智能化、全天候、及时性的监控，无须人工值守，便可以自动识别异常情况并采取相应措施。

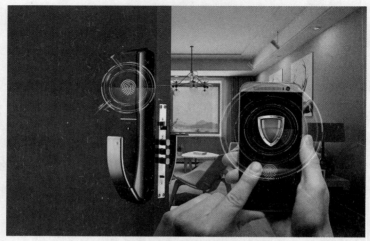

图 7-11　智能安防的应用示意

智能安防主要采用的是人脸识别技术和行为识别技术。人脸识别技术通过摄像头捕捉人脸信息，与系统预存的家人信息进行比对，从而判断所捕捉人脸是否为家庭成员。行为识别技术通过监测人的行为和动作，判断他是否发生异常，例如当家庭成员离开时，智能门锁可以根据预存的家庭成员信息自动上锁，确保房屋安全。同时，智能摄像头可以实时监控家庭环境，一旦发现异常情况，如有陌生人闯入，便会自动录制视频并发送给家庭成员，提醒他们及时采取措施。

智能安防系统的应用不局限于家庭场景，也可以扩展到其他场景。例如，在工作场景中，智能安防系统可以通过人脸识别技术对员工进行识别，记录员工进/出时间，确保工作环境的安全。

智能安防系统还可以应用于社区安全管理。例如，在小区门口设置智能门禁系统，通过人脸识别技术对进/出人员进行识别，确保小区的安全。同时，系统还可以监测外来人员闯入、车辆违规停放等异常情况，及时发出警报并通知相关人员处理。

在公共安全领域，智能安防系统也可以发挥重要作用。例如，部署在车站、机场等公共场所的智能监控系统通过人脸识别技术对人员进行识别，协助公安部门进行安全管理和监控。同时，系统还可以监测火灾等异常情况，及时发出警报并通知相关人员处理。

7.3.4　应用案例——智能家电

智能家电指将微处理器、传感器（技术）和网络通信技术应用于家电设备，使设备具有自动感知住宅空间状态、家电自身状态和家电服务状态的能力，并能够自动控制和接收住宅用户在住宅内或远程发出的控制指令。这些家电设备可以与手机等移动设备连接，实现数据共享和智能管理。通过使用语音识别和机器学习等技术，智能家电实现了更加智能化的管理和控制。

语音识别技术是实现智能家电控制的重要手段之一。通过语音识别技术，用户可以使用语音指令控制家电设备，而无须手动操作，这大大提高了生活的便利性。例如，用户可以通过说出具体指令调整如空调的温度、电视的音量，实现对智能家电的控制。

机器学习技术具备对大量数据进行学习和分析的能力，能够使智能家电自动识别相关场景并进行预测。举例来说，智能淋浴喷头可以感知室内的温度、湿度等环境因素，并根据这些信息控制水温和水量，从而提供更加舒适的洗澡体验。此外，机器学习技术还可以通过学习用户的使用习惯和偏好，预测用户的需求并自动调整设备参数，为用户提供更加个性化的服务。例如，当识别到用户到家后，智能音箱可以自动播放一些舒缓的音乐，为用户提供一个放松温馨的环境。

7.3.5 应用案例——智能养老

随着人口老龄化的加剧，养老问题日益突出。传统养老方式往往需要大量的人力和物力投入，而智能养老的提出为解决这一问题提供了新的思路。智能养老指利用智能家居设备，结合人工智能技术来全方位监测老人的健康状况，为老年人提供便捷和安全的生活服务。智能养老应用涉及多个方面，其中包括健康监测、安全防护、生活服务、精神关怀等。图 7-12 展示的智慧居家养老平台就是一种典型的智能养老应用。

（1）健康监测

智能养老应用通过多种设备和技术手段，实时监测老年人的健康状况，例如血压、心率、血糖、睡眠质量等。具体而言，通过智能手环可以实现实时定位，方便家人掌握他们的活动轨迹，确保老年人的安全；智能床垫、智能马桶等设备可以采集老年人的生理数据，实时传输至云端平台进行存储和分析。一旦发现异常情况，系统会自动提醒老年人、家人、护工等人员，并及时联系医生进行诊断和治疗。

（2）安全防护

智能门锁、监控摄像头等设备可以实现远程监控和安全管理，智能识别家庭成员和陌生人的行为和身份，及时发现异常情况。如出现入侵者闯入等情况，系统可以自动报警，并记录相关视频证据。

（3）生活服务

智能语音助手、智能轮椅等设备可以实现语音交互和控制，方便老年人进行日常生活中的各种操作。此外，智能家居系统可以实现自动化控制和智能管理家庭环境，如温度、湿度、灯光等，提高老年人的生活舒适度和便利性。

（4）精神关怀

智能聊天机器人、电子游戏等可以用于与老年人进行互动和交流，缓解孤独和焦虑等情绪。同时，系统还可以通过大数据技术和人工智能算法来分析老年人的兴趣爱好和行为习惯，为他们提供个性化的音乐、电影、图书等文化娱乐内容，丰富他们的精神生活。

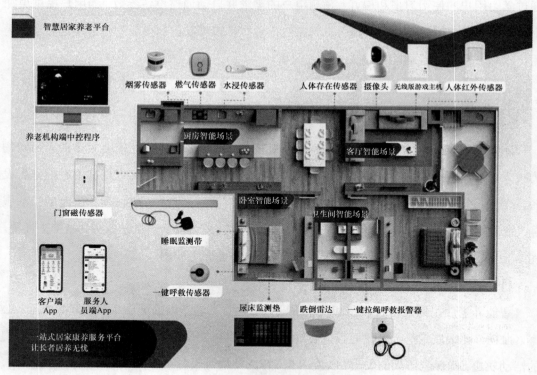

图 7-12　智能养老示意

7.3.6　发展前景

智能家居已经成为当下人们生活中不可或缺的一部分，不仅能够提供舒适居家环境，更能为用户节省大量时间，同时保障家庭的安全和守护家人的健康。随着技术的不断进步和创新，智能家居的应用领域也将更加广泛，为人们的生活带来更加智能化、便捷和舒适的服务。

（1）从智能家居单品到全屋智能

全屋智能已经成为业内的共识，许多企业逐渐将发展重心从智能家居单品转向全屋智能。这种趋势预计会持续很长时间。

智能家居主要是为了提高生活效率，而全屋智能作为其进一步发展，比智能单品能够更好地实现这一目标。全屋智能通过将多个家居设备进行集成，实现智能化控制和管理，从而大大提高生活的便利性。此外，在新建住宅领域，精装修已经成为一种趋势，这也为全屋智能的快速落地提供了良好的机遇。

人工智能技术和多样化的产品进行组合，将使全屋智能的市场渗透率得到持续提升。

（2）更简便的操作方式

目前，我们可以通过 App、语音、红外遥控、传感器等多种方式管理和操作家居设备（如图 7-13 所示）。在未来，这些操作方式将会得到进一步的优化和提升，为人们的生活带来更好的体验。

图 7-13 通过触屏来控制家居设备

随着 Matter 等通用协议的普及，用户可以更加灵活地选择设备，不再受限于特定品牌或生态系统。Matter 通用协议实现设备之间的互操作性，这意味不同品牌和类型的智能家居设备能够相互兼容和互联，用户只需要使用一个 App 就可以控制所有的智能家居设备，无须用多个 App 操作对应设备。这将大大简化用户的使用流程，提高用户体验。

在语音控制方面，智能家居设备的响应将更加精准和智能。例如，用户可以通过语音指令控制特定的设备，而不需要唤醒整个系统。同时，智能家居设备将会更加准确地识别用户的声音和语意，提高用户的交互体验。

手势控制也成为未来智能家居的一个重要发展方向。例如，用户可以通过悬空手势来控制智能家电，以避免接触厨房的油污地方，提高使用的便利性和美观度。

除了以上控制方式，智能家居还将进一步利用传感器等设备来实现更加智能化的控制。例如，通过温度传感器和湿度传感器，智能空调可以更加准确地调节室内温度和湿度，提高用户的舒适度。通过运动传感器和红外传感器，智能照明系统可以自动调节光线亮度和颜色，适应不同的环境和场景。

（3）从被动服务转换为主动服务

从被动服务向主动服务的转变，是智能家居发展的必然趋势。这种转变不仅可以为用户节省时间和精力，而且可以让用户更加专注地享受居家生活。

在主动服务中，传感器扮演着非常重要的角色。通过传感器，智能家居可以感知用户的行为和环境变化，从而自动调节设备的工作状态。例如，智能灯光可以根据用户的作息时间和室内光线强度来自动调节亮度。除了传感器，边缘智能技术和家庭人工智能技术也是实现智能家居主动服务的关键技术。边缘智能技术可以让智能家居设备在本地进行数据处理和决策，减少对云服务的依赖，提高响应速度和隐私保护程度。

（4）智能家居全自动化

越来越多的家务环节和重复性劳动正在被家居设备所取代，它们能够减轻用户的家务负担，提高生活的便利性。智能料理机是一个典型的例子，它能够取代炒菜的环节，但目前还无法完全实现食材处理和自我清洁的功能。

目前，已经有不少智能家居产品开始朝着全自动化方向发展，未来这些设备的功能将会越来越完善，用户无须花费过多的时间和精力在这些重复性的家务劳动上。图 7-14 所示的智能扫地机器人便是一个例子，它从过去的自动扫地升级至可以扫拖一体，再到可以进行自我清洁，省去了用户手动清洁的麻烦。如果未来能够实现污水自动处理等功能，那么扫地机器人将实现完全自动化。

图 7-14　智能扫地机器人

习　　题

7-1　查阅相关资料，了解并简述智能物流机器人如何实施货物的分拣和搬运。

7-2　什么是智能推荐系统，它在电子商务中有什么作用？

7-3　与传统市场调研方法相比，人工智能技术在游戏领域市场调研中的应用具有哪些优势？

7-4　人工智能技术如何帮助智能家居更好地适应用户的生活习惯和需求？

实　　验

1．实验主题

基于人工智能的智能客服机器人对话实验。

2．实验说明

随着电商行业的快速发展，客户服务的需求也在不断增加。传统的人工客服已经难以满足用户多样化需求，因此，基于自然语言处理技术和机器学习算法的智能客服机器人应运而生。它具备自动理解和回答客户问题的能力，能提供高效便捷的客户服务。

前往京东商城网站，与京东客服机器人进行对话，体验智能客服机器人提供的便捷购物服务。

3．实验内容

（1）访问京东商城网站，登录后点击"我的京东"→"在线客服"，如图 7-15 所示。

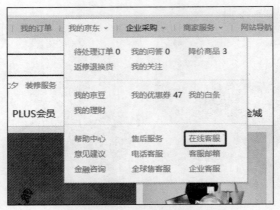

图 7-15　京东智能客服

打开京东客服聊天界面，与京东智能客服（京东客服机器人）进行对话，如图 7-16 所示。

（2）完成产品咨询的任务，比如：我想学习人工智能，你能帮我推荐一些书吗。

（3）完成优惠咨询信息获取，比如：我是学生，购买时有没有优惠政策。

（4）了解产品的售后服务，比如：如果我买回来的书有破损，怎么办。

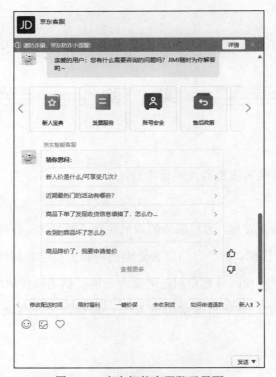

图 7-16　京东智能客服聊天界面

（5）了解物流政策，比如：公司使用的是什么物流，大概什么时候能送到。

4．提交文档

根据以上内容撰写一份 Word 格式的报告文档，整理设计的问题和结果，并对结果进行分析。同时结合自身的使用感受，说明目前智能客服机器人的优势与可改进的地方。

项目八　人工智能的商业应用

　　人工智能在商业领域的应用日益广泛，众多企业正借助这项技术提升生产力、盈利能力和商业绩效。例如将人工智能技术作为其基石和核心驱动力，提升生产的智能化、高效化和自动化水平。这不仅能优化生产流程，提高产品质量和生产效率，还会降低生产成本，促进资源的可持续利用，最终为消费者带来更高质量的产品和服务。金融领域同样深受人工智能技术的影响，正逐步迈向智慧金融的新时代。人工智能技术的迅猛发展使得机器能够模拟甚至超越人类的部分能力，打破了时间和空间的限制，为客户提供更加个性化和高效的服务。在金融服务价值链的前端，人工智能可以优化客户体验，使服务更加人性化和贴心；在中端，人工智能能够为各类金融交易和决策分析提供支持，实现决策的智能化和精准化；在后端，人工智能则可以助力风险识别和防控工作，使管理更加精细化和高效化。

　　本项目的主要内容：

　　（1）人工智能商业应用之智能制造；

　　（2）商业应用之智慧金融的典型应用场景；

　　（3）商业应用之智慧金融的风险与挑战。

导读案例

令人震撼的无人工厂

　　要点：在工业 4.0 时代，无人工厂是标配，是顺应时代发展的潮流，是迈向智能制造的未来。

　　有一段时间，"无人化"的话题十分火热，无人超市、无人驾驶、无人酒店、无人餐厅等新型业态层出不穷，不断刷新我们的认知。今天，我们一同盘点一下国内令人瞩目的无人工厂，它们以先进的自动化技术和智能化管理系统，展现了智能制造的新趋势。

（1）阿里巴巴菜鸟无人仓

阿里巴巴菜鸟研发了柔性自动化仓储系统，该系统采用了人工智能技术，使得大量机器人能够在仓库内协同作业。这一创新为物流行业提供了一种易于部署、易于扩展且高效的全链路仓储自动化解决方案。

（2）京东"亚洲一号"无人仓

京东"亚洲一号"无人仓，能够实现从入库、存储、包装、分拣全流程、全系统的智能化和无人化。"亚洲一号"无人仓的机器人团队包括搬运机器人、货架穿梭车、分拣机器人、堆垛机器人等，能够实现每小时处理上万件商品的高效运作。这种无人仓具有较高的运营效率和准确率，可以大幅提高仓库的管理水平。

（3）上海通用金桥工厂

上海通用金桥工厂，被誉为中国顶尖的制造业工厂，甚至在全球范围内，这样高水平的工厂也寥寥无几。该工厂车间规模庞大，偌大的车间内，真正领工资的工人只有10多位。他们负责操控高达386台的机器人，每天与这些机器人紧密合作，共同制造汽车。

中国的制造业正在经历一场深刻的变革，无人工厂作为智能制造的重要组成部分，正逐步塑造着工业的未来。机器人技术、人工智能、大数据、物联网等领域的快速发展为无人工厂的建设提供了坚实的技术基础。

8.1 智能制造

8.1.1 智能制造概述

1. 什么是智能制造

智能制造是一种由智能机器和人类专家共同组成的人机一体化智能系统，它在制造过程中能进行智能活动，诸如分析、推理、判断、构思、决策等，通过人与智能机器的合作来扩大、延伸和部分地取代人类专家在制造过程中的脑力劳动。它把制造自动化的概念扩展到柔性化、智能化和高度集成化。智能制造是工业 4.0 时代的核心，是数字化和智能化的产物，可以优化生产效率，提高产品质量和服务水平，推动制造业的创新、协调、绿色、开放、共享发展。

2. 智能制造的发展历程

智能制造的发展历程可以追溯到 20 世纪 50 年代，当时科学家开始研究计算机辅助设计和制造技术。随着计算机技术的不断发展，智能制造在 20 世纪 80 年代逐渐兴起。而后互联网的普及、物联网技术的出现和大数据分析技术的发展让智能制造得到了进一步的推广和应用。智能制造的发展可以分为几个阶段。

萌芽期（1950—1980 年）：这个时期的制造系统主要是传统制造、机械与手工业结合，以大规模生产、手工化为主，属于劳动密集型制造。

起步期（1981—1990 年）：这个时期的制造系统开始出现智能制造的萌芽，主要表现为追求产品质量、机械化，属于劳动密集型制造。

发展期（1991—2010 年）：这个时期的制造系统逐渐升级为高级的智能制造，出现了知识和服务、柔性化和服务化兼顾、信息服务型的智能制造。

成熟期（2010 年至今）：当前的制造系统已经升级为更高级的智能制造。

总体来说，智能制造的发展历程与计算机技术、互联网、物联网和大数据分析技术的发展密切相关。

3．智能制造的特点

（1）生产设备网络化，实现车间"物联网"

生成设备需要实现车间的"物联网"，指的是通过各种信息传感设备，实时监控生成设备的状态并采集相关信息，其目的是实现物与物、物与人，乃至所有的物品与网络的连接，方便相关人员识别、管理和控制生产设备。车间"物联网"是实现智能制造的网络环境和数据基础。

（2）生产过程的低碳化，减少能源消耗和碳排放量

构建绿色制造体系，建设绿色工厂，实现生产洁净化、废物资源化、能源低碳化，是我国"智能制造"的重要战略之一。智能化的制造系统能够自动调节生产过程，以最小的能源消耗达到最优的生产效率。在设备生产过程中利用传感器集中监控所有的生产流程，能够让人们及时发现能耗的异常或峰值情况，以便优化生产过程中能源的消耗。

（3）生产数据可视化，利用大数据分析进行生产决策

在生产现场，采集设备每隔几秒会收集一次数据。这些数据可以用于很多形式的分析，其中包括设备开机率、主轴运转率、主轴负载率、运行率、故障率、生产率、设备综合利用率、零部件合格率、质量百分比等。在生产工艺改进方面，人们在生产过程中使用这些大数据，便可以分析整个生产流程，了解每个环节是如何执行的。一旦某个流程偏离了标

准工艺，系统就会发出告警，帮助人们快速发现问题，解决问题。利用大数据技术，人们还可以对产品的生产过程建立虚拟模型，仿真并优化生产流程。当所有流程和绩效数据都能在系统中重建时，这种透明度将有助于制造企业改进其生产流程。

（4）生产过程透明化，搭建智能工厂的"神经网络"系统

推进制造过程智能化，通过建设智能工厂，促进制造工艺的仿真优化、数字化控制、状态信息实时监测和自适应控制，进而实现整个过程的智能管控。企业建设智能工厂，推进生产设备（生产线）智能化，基于生产效率和产品效能的提升，实现价值增长。使用工业机器人等智能制造装备，建立基于制造执行系统的车间级智能生产单元，提高精准制造、敏捷制造、透明制造的能力。

（5）生产现场无人化，真正做到"无人"工厂

工业机器人、机械手臂等智能设备的广泛应用，使工厂无人化制造成为可能。数控加工中心、智能机器人和三坐标测量仪及其他柔性制造单元完成生产现场的无人化，让"无人工厂"更加触手可及。

8.1.2 人工智能在智能制造中的作用

人工智能驱动智能制造是一种全新的制造模式，它利用人工智能技术来实现制造过程的自动化、智能化和高效化。在人工智能驱动智能制造中，人工智能不是用于单一环节的生产优化，而是贯穿整个制造过程，其中包括产品设计、原材料采购、生产计划、生产执行、质量检测、物流配送等环节，实现制造过程的全面升级和优化。

（1）自动化生产线

在人工智能驱动的自动化生产线上，人工智能技术广泛应用于生产控制、质量检测、物流管理等方面。例如，在生产控制方面，人工智能可以通过对生产数据的学习和分析实现生产过程的精确控制和优化，从而提高产品质量和生产效率。在质量检测方面，人工智能可以通过图像识别等技术，实现高质量、高效率的质量检测。在物流管理方面，人工智能可以通过对物流数据的分析和预测，实现物流过程的自动化和优化，从而提高物流效率。

此外，人工智能驱动的自动化生产线还可以实现生产过程的全面数字化和智能化。物联网技术可以实现生产线上的设备和机器的互联互通，实现生产数据的全面采集和利用。大数据技术可以实现生产数据的分析和挖掘，为生产过程的优化和管理提供科学依据。人

工智能技术可以实现生产过程的自主决策和优化，提高生产效率和产品质量。

人工智能驱动的自动化生产线是未来制造业的发展趋势，它可以实现生产过程的全面自动化、智能化和高效化，提高生产效率和产品质量，降低生产成本和资源浪费。同时，它也可以为制造业带来更多的商业机会和竞争优势，推动制造业的持续发展和创新。

（2）智能维护和故障预测

在人工智能驱动的智能维护和故障预测中，人工智能技术广泛应用于设备监测、故障预测、维护决策等方面。例如，在设备监测方面，人工智能可以通过对设备运行数据的实时监测和分析，实现设备状态的精确评估和预测，及时发现和预防设备故障。在故障预测方面，人工智能可以通过对设备历史数据和运行模式的学习，来分析和预测设备可能出现的故障，以使人们及时采取应对措施，避免设备故障对生产和服务造成影响。在维护决策方面，人工智能可以通过对设备维护历史数据和专家知识的学习和分析提供维护决策建议（如维护时间、维护方法、备件更换等），确保设备的正常运行。

此外，人工智能驱动的智能维护和故障预测还可以实现设备维护的精细化和个性化。大数据技术可以实现设备运行数据的全面采集和利用，为设备维护提供更加精确和可靠的数据支持。机器学习技术可以实现设备故障的自动化和快速诊断，提高设备维护的效率和准确性。人工智能技术可以实现设备维护的定制化和个性化，为设备提供更加贴合其运行特性的维护方案，提高设备运行的稳定性和效率。

人工智能驱动的智能维护和故障预测是一种基于数据分析和机器学习技术的维护方法，它可以通过监测设备的运行状态和数据，预测设备可能出现的故障，从而及时采取维护和修复措施，避免设备故障对生产和服务造成影响。同时，它也可以为设备维护提供更加精细化和个性化的服务，提高设备维护的效率和准确性。

（3）智慧工厂规划和管理

人工智能在智慧工厂规划和管理中扮演着重要的角色。在智慧工厂中，人工智能技术广泛应用于生产线、物流、厂房布局等规划上。例如，在生产线规划中，人工智能可以通过对生产数据的学习和分析，实现生产线布局和设备配置的优化，提高生产效率和产品质量。在厂房布局规划中，人工智能可以通过对厂房空间和设备运行数据的分析和预测，实现厂房布局的优化和改进，提高生产效率和工人工作的舒适程度。

在智慧工厂的管理中，人工智能技术广泛应用于生产管理、质量管理、设备管理、能源管理等方面。例如，在质量管理中，人工智能可以通过对质量数据的分析和学习，实现质量问题的自动化检测和预防，提高产品质量和生产效率。在设备管理中，人工智能可以通过对设备运行数据的实时监测和分析，实现设备维护的自动化和个性化，确保设备的正常运行。在能源管理中，人工智能可以通过对能源数据的分析和预测，实现能源消耗的自动化和优化，降低能源成本，减少资源浪费。

此外，人工智能还可以为智慧工厂提供更加智能和个性化的服务。例如，人工智能技术对用户需求和市场趋势的分析和预测可以实现产品设计和生产的自动化和个性化，满足用户的定制化需求。同时，基于人工智能技术，通过智能排班、智能调度、智能优化等手段，可以实现企业内部资源的优化配置和高效利用，提高企业的运营效率和竞争力。

8.1.3　应用案例

1．智能工厂

人工智能在制造领域的应用之一就是智能工厂。智能工厂总体框架如图 8-1 所示，其中包括智能设计、智能生产、智能物流、智能管理及集成优化等部分。

智能工厂是在数字化工厂的基础上，利用物联网技术和监控技术加强信息管理和服务管理，提高生产过程可控性，减少生产线人工干预，合理计划排程。同时，智能工厂集智能系统等新兴技术于一体，力图构建高效、节能、绿色、环保、舒适的人性化工厂。

智能工厂实现多个数字化车间的统一管理与协同生产，将车间各类生产数据进行采集、分析与决策，并整合设计信息与物流信息，将它们再次传送到数字化车间，实现车间的精准、柔性、高效、节能的生产模式。

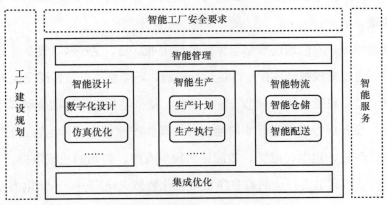

图 8-1　智能工厂总体框架

图 8-2 展示了吉利汽车智能制造车间。吉利西安制造基地是全球领先的超级智能工厂，其特色在于全架构、全能源、全车系的全面覆盖。该基地实现了自动化生产、冲压、焊装、涂装等主要工序 100% 的自动化制造，借助 696 台机器人的协同工作，仅在总装车间有少量人工装配。智能工厂的核心目标在于优化生产流程，降低人力成本，提高生产效率，确保产品质量。

图 8-2 吉利汽车智能制造车间

2. 数字孪生

数字孪生是客观事物在虚拟世界的镜像，也称为数字镜像和数字映射。它是一个对物理世界进行数字表达的系统。数字孪生集成了人工智能、机器学习等技术，以期建立一个可以实时更新的、现场感极强的"真实"模型，用于支撑物理产品生命周期各项活动的决策。

在工业制造领域，人们通过数字孪生能够对工业厂房、生产线、设备等管理要素进行三维仿真展示。通过集成视频监控、设备运行监测、环境监测以及传感器实时上传的监测数据，数字孪生可实现设备精密细节、复杂结构、复杂动作的全数据驱动显示，对生产流程、生产环境、设备运行状态进行实时监测，再现生产流程、设备运转过程及工作原理，为设备的研制、改进、定型、维护、效能评估提供有效、精确的决策依据。

图 8-3 展示了华润电力打造的数字孪生可视化智慧火电厂——华润电力双控平台。它以智慧地图为载体，利用空间数据技术将工艺区、设备区、危险区以及工厂内所有设备装置进行数字孪生。

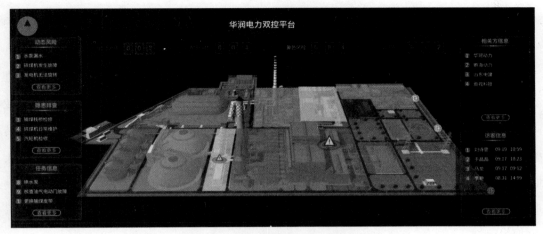

图 8-3　华润电力打造的数字孪生可视化智慧火电厂

8.1.4　发展前景

随着信息技术和工业技术的不断融合，智能制造已成为当前制造业的主要趋势之一。智能制造在提高生产效率、优化生产过程、降低生产成本等方面发挥了重要作用。未来，智能制造将继续迎来发展和创新。

未来工厂代表了制造业的全新面貌。它突破了传统工厂的局限，实现了全面整合的供应链管理。未来工厂将采用先进的机器人、人工智能、传感器等技术，实现全自动化生产，达到几乎不需要人工干预的效果。

未来工厂将拥有高度互联的生产网络，机器人和自动化设备能够互联和通信，实现信息共享和协同工作。这样不仅可以提高生产效率，还可以减少错误和事故。未来工厂也将更加注重环境保护和可持续发展，采用更加环保的技术和材料，减少废弃物和污染。

3D 打印技术将在未来工厂中占据重要地位，不仅能够高效打印零部件和工具，还能直接生产最终产品。这种技术不仅提升了生产效率，还降低了废弃物和运输成本，同时提高了产品质量和精度。

人工智能和机器学习技术将有助于未来工厂实现自动化管理和控制。通过深入分析大量数据，未来工厂能够预测市场需求，并灵活调整生产流程，优化资源分配。这些技术还能有效预防和预测机器故障，延长设备寿命和提高设备稳定性。

在未来工厂中，人类将扮演更加重要的角色，不再仅是操作者，而是管理和监控整个生产过程。人类和机器人将更加紧密地协作，共同实现高效、高质量的生产。未来工厂也将为员工提供更好的工作环境和培训机会，以确保他们具备足够的知识和技能，适应新的生产方式。

　　智能制造的发展将对社会产生深远影响。首先，它将极大提高生产效率和产品质量，推动制造业向更高水平发展。其次，智能制造将促进产业结构的优化和升级，推动传统制造业向高端制造业转型，并催生新兴产业的发展。再次，智能制造将改善工作环境并促进就业转型，创造更多高质量的工作岗位。此外，智能制造还将推动社会进步和科技创新，提升人们的生活质量和健康水平。然而，智能制造也面临着数据安全、隐私保护、工业大数据处理以及技术安全等挑战，这需要政府、企业、学术界等社会各方的共同努力和合作来解决。

8.2　智慧金融

8.2.1　智慧金融概述

　　智慧金融依托大数据、人工智能、云计算等技术，全面提升金融行业的业务流程，实现金融产品、风控、获客和服务的智慧化。这种智慧化的提升旨在让金融行业更加高效、便捷和智能化，从而更好地满足客户需求，提升金融行业的竞争力和创新力。随着科技的迅猛发展和数字化转型的推进，智慧金融正成为金融业的新引擎。

　　区块链技术的出现为智慧金融带来了更高的安全性和透明度。金融机构利用区块链技术开发了数字货币、智能合约、跨境支付解决方案等创新产品，提高了金融交易的效率和便捷性。

　　2023 年以来，以 ChatGPT 为主的人工智能技术为智慧金融的发展添了一把新火。金融机构利用人工智能技术开发了智能客服、聊天机器人、语音识别等工具，实现了更高效、更个性化的客户服务。同时，ChatGPT 这类大模型在股市预测或者更大范围的投资决策上能为金融机构提供更精确的决策依据。

8.2.2　发展历程

1. ATM 出现

自动取款机（Automated Teller Machine，ATM）是银行业的一项革命性发明，具有方便、快捷的特点，极大地改变了人们的金融服务体验。

20 世纪 50 年代末至 60 年代初，随着电子技术的飞速发展，人们开始渴望能有一种设备，它能提供实时的取款和存款服务，解决传统银行在办理业务时受时间限制和便捷性不足问题。

1967 年，英国发明家约翰·谢泼德–巴伦（John Shepherd-Barron）成功研制出世界上第一台 ATM。同年 6 月 27 日，这台 ATM 在伦敦的巴克莱银行（Barclays Bank）首次投入使用。该 ATM 采用了磁条卡作为身份验证手段，用户只需使用预先分配的卡片和个人标识码（Personal Identification Number，PIN），便可在任何时间自由地提取现金。

ATM 机的出现产生了很大影响，具体如下。

便捷性：ATM 的发明意味着用户无须亲自前往银行窗口，而是可以在任何时间、任何一台 ATM 上进行取款、存款、查询账户余额等操作。这极大地提高了金融服务的便利性。

减轻人工负担：ATM 的引入极大地减轻了银行窗口工作人员的负担，使他们能够更专注地处理复杂问题和提供个性化的金融服务。

普及范围广：自 ATM 发明以来，其使用迅速扩展至全球各地。如今，它成为不可或缺的金融服务设施。

2．互联网金融崛起

互联网金融是一种利用互联网技术进行金融活动的模式。它通过运用互联网技术，解决了传统金融行业的受地域限制、信息不对称等问题，提供便捷、高效、创新的金融服务，如图 8-4 所示。下面将从以下几个方面分析互联网金融能够迅速崛起的原因。

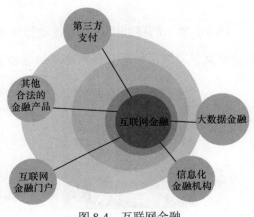

图 8-4　互联网金融

互联网金融提供了更便捷、更高效的服务。传统金融业务通常需要人们前往银行窗口或者填写大量烦琐的表格来完成相关业务，而互联网金融可以通过手机、计算机等终端设备实现在线操作，这大大节省了时间和精力。例如，互联网金融平台可以随时随地进行支付、转账、投资等操作，不再受制于时间和空间的限制。

互联网金融降低了金融交易的成本。互联网平台可以通过自动化、标准化的处理流程降低运营成本，同时减少中间环节，简化了金融交易流程。例如，传统的贷款业务需要大量的人力、物力和财力投入，而互联网金融通过智能化的风控系统便可以实现更高效的贷款审批流程，降低运营成本。这个特点使得互联网金融能够提供更低的利率和更高的收益，从而吸引大量用户。

互联网金融打破了信息不对称的问题。在传统金融领域，信息通常处于不对称的状态，银行等金融机构掌握着更多的信息，而个人投资者掌握的信息相对有限。互联网金融通过建立开放、透明的平台，将更多的信息公开给用户，使得用户能够更全面地了解金融产品和服务，降低了信息不对称带来的风险。

互联网金融还具有较强的创新性。互联网技术的发展为金融行业带来了新的商业模式和产品形态。比如，互联网支付、数字货币等都是互联网金融的创新形式。这些新兴的金融业务通过互联网的技术手段和平台，为用户提供了更多元化、更个性化的金融产品和服务，满足用户多样化的需求。

互联网金融得到了政府的政策支持。我国政府出台了一系列的政策措施，以促进互联网金融的发展，例如，制定对互联网金融企业的监管规范，加强对风险的防控，保护用户的合法权益等。

3. 数字支付变革

在数字时代的大潮下，图 8-5 所示的移动支付成为推动经济和社会发展的重要力量。越来越多的人放弃传统的现金支付方式，转而选择数字支付这种方式。

图 8-5　数字支付

随着智能手机和互联网的广泛普及，电子钱包等数字支付工具崭露头角，为人们提供了前所未有的便捷。电子钱包将银行卡信息和个人资料安全地存储在智能手机中，使用户能够随时随地轻松完成支付。随着这种方式的普及，各种移动支付应用程序，如支付宝、微信支付等如雨后春笋般涌现，迅速融入人们的日常生活。这些应用程序不仅便捷地支持线上购物，还广泛应用于线下交易，如支付公共交通费用等，极大地提升了生活的便利性。

移动支付的最大亮点在于其便捷性和即时性。无论是购物、用餐还是出行，只需简单的操作即可完成支付，省去了携带现金或等待银行转账的麻烦。与此同时，与传统的现金支付方式相比，移动支付在安全性方面具有显著优势。通过先进的加密技术，电子钱包和移动支付应用程序能够有效地保护用户的支付信息，降低盗刷和诈骗风险，并更好地保护用户的个人隐私。

此外，移动支付还为数字化记录和管理提供了便利。每一笔支付都会留下数字记录，方便用户随时查看和管理自己的消费情况。这为个人理财提供了更多便利，有助于用户更合理地规划和管理资金。

4．人工智能技术创新

人工智能在金融领域具有重要意义，适用于以下场景。

金融风险管理：人工智能可以通过大数据分析和机器学习算法，帮助金融机构更准确地评估和管理金融风险。它可以自动识别异常交易，预测市场波动，优化投资组合等，提高决策的准确性和效率。

欺诈检测和反洗钱：人工智能在金融监管中发挥着重要作用。它可以自动分析大量的交易数据，识别潜在的欺诈行为和洗钱行为，并提供实时预警和反制措施。

客户服务和个性化推荐：通过人工智能技术，金融机构可以提供更智能化和个性化的客户服务。例如，智能聊天机器人可以为客户提供 24 小时在线咨询，并基于用户数据和行为分析，提供个性化的产品推荐和金融建议。

自动化交易和量化投资：人工智能在高频交易和量化投资方面具有广泛应用。机器学习算法和大数据分析可以实现自动化的交易策略和高效的投资决策，提高交易的效益和收益率。

8.2.3 应用案例

1．智能投顾

智能投顾是一种利用人工智能和大数据分析技术为投资者提供个性化、自动化的投资建议和理财服务的新模式。智能投顾作为科技赋能下的理财新模式，正以其高效、便捷、个性化的特点成为越来越多投资者的选择其主要特点和优势如下。

高度智能化：智能投顾依靠人工智能和大数据分析技术，可以对海量的市场数据进行实时分析和预测。通过机器学习算法，智能投顾可以根据投资者的风险承受能力、投资目标和偏好，提供量身定制的投资建议。

个性化服务：智能投顾能够根据投资者的需求和目标，提供个性化的投资组合管理方案。投资者可以在平台上设置自己的投资偏好、时间期限、风险容忍度等参数，智能投顾会根据这些参数生成相应的投资组合，并定期调整以适应市场变化。

低门槛投资：相比传统的财富管理机构，智能投顾通常具有较低的投资门槛。投资者可以通过手机或电脑轻松注册并开始投资，无须支付高昂的门槛费用或提供复杂的办理资料。

24 小时全天候服务：智能投顾平台提供 7×24 小时全天候的服务，投资者可以随时查看投资组合的表现、进行交易和获取投资建议。这种便捷性可以满足投资者多样化的时间需求，并及时跟踪市场变化。

透明度和教育：智能投顾平台通常提供详细的投资报告和解释，让投资者清楚了解自己的投资情况和风险收益。同时，平台也会提供相关的投资教育材料，帮助投资者增加理财知识和提升投资技能。

成本效益：智能投顾通常收取较低的费用来提供服务，相比传统的人工财富管理，投资者可以节省大量的费用。此外，智能投顾的自动化操作也减少了人力成本，从而使得服务更具成本效益。

2．智能保险

随着人工智能技术的不断发展，保险行业也开始探索个性化保险的未来之路。传统的保险模式往往是基于统计数据和风险评估来确定保费，而个性化保险更加注重个体的特征和需求，为客户提供更加精准的保险服务。人工智能在个性化保险中发挥着重要的作用。

首先，人工智能可以通过大数据分析和机器学习算法，对客户的个人信息、行为数据和健康状况进行深入分析，从而更准确地评估风险和制定保费。例如，通过分析客户的驾驶行为数据，保险公司可以根据客户的驾驶习惯和风险程度来制定个性化的车险保费。其次，人工智能还可以通过智能设备和传感器来收集客户的健康数据，如心率、血压、睡眠质量等，从而实时监测客户的健康状况。基于这些数据，保险公司可以为客户提供个性化的健康管理方案和保险服务，例如定制化的健康保险、健康咨询和健康促进活动。此外，人工智能还可以通过自然语言处理和情感分析等技术，对客户的需求和反馈进行智能化处理。保险公司可以通过智能助手或在线聊天机器人与客户进行实时互动，解答客户的问题、提供保险建议，并根据客户的反馈和需求进行个性化的服务调整。

3．风险管理与投资决策

（1）人工智能在风险管理中的应用

传统的风险管理方法主要依赖人工审核，这不仅效率低下，还容易受到人为失误和主观判断的影响。相比之下，人工智能具备强大的数据处理和模式识别能力，能够实时分析海量数据，快速识别潜在风险，显著提高风险管理的效率和准确率。

例如，在信用风险控制领域，创新型金融科技公司可以运用人工智能和大数据分析技术，开发出先进的风控模型。这些模型不仅能够实现更精准的信用评分和借贷风险预测，还有效提高风险控制的可追溯性和实时性。

此外，人工智能在反洗钱、欺诈等金融风险监测方面也发挥了重要作用。华夏银行等金融机构通过引入人工智能技术，显著提升了风险控制的效率和精度，有效降低了金融损失。

（2）人工智能在投资决策中的应用

传统的投资决策过程往往依赖人工分析和判断，这不仅耗时耗力，还容易受到人为因素的影响。而人工智能通过深度学习和大数据分析技术，能够更全面地分析市场数据，揭示投资机会和风险，为投资者提供更加科学、准确的决策支持。

在资产管理和投资领域，人工智能的应用已经取得了显著成果。基金公司、交易机构等纷纷采用人工智能算法进行选股、风险控制及交易策略制定。这些技术的应用不仅提高了投资决策的效率和准确性，还为投资者带来了更高的收益。

8.2.4　发展前景

人工智能在金融领域的发展趋势非常令人兴奋，未来几年内可以期待以下应用和技术进展。

更智能的客户服务：金融机构将继续投资人工智能聊天机器人和虚拟助手，以提供更智能、更个性化的客户服务。这将包括更高级的自动化、更自然的对话和更准确的问题解答。

改进风险管理：人工智能将继续在风险管理中发挥关键作用。新的技术将更好地识别潜在风险，并提供更准确的风险评估，从而有助于金融机构更好地应对不确定性。

优化信用评分：金融机构将使用更复杂的机器学习模型来改进信用评分，从而更精确地评估客户的信用风险。

合规和监管技术：人工智能将能使金融业务更好地满足合规和监管要求。自动化的合规监测和报告将帮助金融机构降低合规成本。

量化投资和高频交易：量化投资和高频交易将继续依赖人工智能算法来发现市场机会并执行交易，提高交易效率。

金融犯罪检测：人工智能有助于更有效地检测金融犯罪，其中包括欺诈、洗钱和恐怖主义融资。

智能投资助手：人工智能将提供更复杂的投资建议和智能投资组合管理服务，帮助个人和机构投资者做出更明智的决策。

区块链和数字货币：人工智能将与区块链技术结合，用于数字货币的交易和监管，以及智能合同的开发和管理。

金融教育和咨询：人工智能将被用来提供个人财务规划和教育，以帮助人们更好地理解和管理自己的财务。

可解释性人工智能：为了满足监管和伦理要求，人工智能将变得更加可解释，使金融从业者和监管机构能够理解人工智能决策的基础。

8.2.5　影响与挑战

在金融领域，人工智能的应用广泛而深入，涵盖了数据分析、预测、自动化交易以及客户服务和体验的提升等多个方面。这些应用不仅为金融业带来了显著的优势，还对金融领域产生了深远的影响。

首先，人工智能在数据分析和预测方面发挥着关键作用。通过强大的数据处理和分析能力，金融机构能够更准确地洞察市场趋势，优化交易决策，并精确预测风险。例如，人工智能在风险管理中的应用，使得银行能够及时发现潜在风险并采取相应的控制措施。此外，人工智能还能辅助投资者进行投资决策，通过分析股票市场和价格波动，提高决策准确性和效率，帮助投资者把握市场机遇。其次，人工智能在改善客户服务和体验方面也发挥了重要作用。传统的销售方式往往难以满足客户的个性化需求，而智能客户服务机器人能够迅速处理标准化和常见问题，提供快速、准确且个性化的服务。借助先进的语音交互和人机对话技术，智能客服机器人能够模拟人类的语言和逻辑，提供更加智能、便捷的服务体验。这不仅提高了客户满意度，也提升了金融机构的服务质量。

人工智能的应用不仅提升了金融业务的效率，还为金融产业带来了转型升级的机遇。通过利用人工智能技术，金融机构可以优化传统业务流程和产品服务，同时创新出更加差异化和具有竞争力的业务和服务。这将为金融产业注入新的活力，推动其持续发展和升级。

在使用和开发人工智能技术的过程中，金融机构需要面对以下几方面的挑战。

首先，数据隐私和安全问题是人工智能技术发展所面临的一大挑战。由于金融业务包含大量敏感数据，如客户信息、交易记录等，因此这些数据的隐私和安全必须得到充分的保护。金融机构需要对数据进行分类、加密、存储和传输等一系列的处理，确保数据的安全性；同时也需要严格的权限控制和访问控制，以避免不当的数据泄漏或滥用发生。

其次，技术风险和合规也是金融机构在人工智能应用中面临的一大挑战。由于人工智能技术本身的复杂性和变化性，金融机构需要对核心算法、模型和系统等进行精确、全面、及时的测试和验证，确保数据的准确性和可靠性。

再次，金融机构还需遵守相关的法律、法规和规定，确保人工智能的应用和使用符合相关标准和规范，避免出现违规行为。

最后，人才需求和教育培训也是金融机构面临的一个挑战。由于人工智能技术的更新和迭代速度非常快，金融机构需要不断提高员工的技能和素养，以适应和把握人工智能技术的发展趋势。同时，金融机构也需要加强人才引进和培养，以发掘和吸引更多具备人工智能知识背景和相关技能的人才，支撑自身的发展和技术升级。

习　题

8-1　请简述什么是智能制造。

8-2　智能制造的特点有哪些？

8-3　请简述你认为的未来工厂。

8-4　简述智慧金融的发展历程。

8-5　智能投顾有哪些优势？

8-6　智慧金融面临哪些风险与挑战？

8-7　人工智能如何用于金融机构风险管理和预测？

8-8　人工智能在金融领域的发展趋势是什么？

实　　验

1．实验主题

体验智慧金融中的个性化推荐系统。

2．实验说明

选择一个提供在线金融产品推荐服务的平台，体验其个性化推荐功能，感受个性化推荐系统在实际金融业务中的作用。

3．实验内容

（1）选择平台

选择一个提供在线金融产品推荐服务的平台，如某银行的手机银行应用、第三方金融服务平台（支付宝、微信、云闪付等），确认该平台是否具有个性化推荐功能，以便体验它根据用户的偏好和历史行为推荐产品的相关功能。这里选择的是图 8-6 所示的招商银行。

图 8-6　招商银行界面

（2）体验个性化推荐功能

使用所选平台，进行注册和登录。在平台上浏览和搜索不同的金融产品，如理财产品、基金、股票等。观察并记录平台根据你的浏览记录和搜索行为推荐的金融产品。

（3）分析推荐结果

分析推荐的金融产品是否符合你的兴趣和需求，考虑的因素有推荐结果的准确性、多样性和相关性。这里请注意平台是否提供个性化的投资组合建议或风险提示。

（4）讨论个性化推荐的影响

讨论个性化推荐如何帮助用户更高效地选择金融产品。分析个性化推荐对金融机构业务推广和用户满意度的影响。探讨个性化推荐可能存在的挑战和限制，如数据隐私、算法透明度等。

4．提交文档

根据以上内容撰写一份 Word 格式的报告文档，设计问题并对上述结果进行分析，同时结合自身的使用感受，思考智慧金融平台的个性化推荐所产生的影响。

项目九 人工智能的社会应用

人工智能在社会中的应用非常广泛，可以用于解决各种复杂的问题。例如，它可以用于交通运输、医疗、教育等。

本项目的主要内容：

（1）人工智能在智慧城市中的应用；

（2）人工智能在智慧教育中的应用；

（3）人工智能在智慧医疗中的应用。

🕮 导读案例 🕮

城市交通潮汐调节

城市交通潮汐现象，也称为潮汐交通，指的是在特定的时间段内，由于交通流量的突然增加或减少，导致交通拥堵现象的出现。这种现象通常在早晚高峰时段非常明显，即早晨进城方向交通流量大，而晚上出城方向交通流量大。

出现城市交通潮汐现象的原因可能有以下几点。

城市空间职能规划不合理导致就业地与居住地的空间分布不均衡、人口过度集中。例如，一些城市的中心区域或商业区就业岗位多，但住宅配置有限，房价高昂，导致很多市民在郊区居住而在市区工作。这种居住与就业的空间错位，使得在上下班期间，大量人员集中在同一时间段出行，导致道路单一行进方向明显拥堵，形成城市交通潮汐现象。

道路容量有限。城市中的道路容量是有限的，无法随着人口增长和机动车数量的增加同步扩大，因此，在高峰时段，道路容量往往无法满足交通需求，从而导致交通拥堵，形成城市交通潮汐现象。

交通规划不合理。交通规划不合理会导致道路网络不完善、交通节点不畅通，这往往会导致出现城市交通潮汐现象。

交通管理不到位。部分地区的交通管理不科学，道路缺少交通信号灯、交通指示标识等设施，或这些设施设置得不合理从而出现城市交通潮汐现象。

通过智能交通系统来调节交通潮汐现象能够节省更多的人力和时间成本，而人工智能技术能够提供更好的系统功能，可有效解决城市交通潮汐现象问题，这对于改善城市交通状况具有重要意义。

9.1 智慧城市

9.1.1 智慧城市概述

智慧城市指的是以云计算、物联网、大数据、空间地理信息集成等新一代信息技术为手段来提升城市的基础设施、公共服务、社会管理和经济发展，使得城市服务更加高效和智能，实现城市的智慧式管理和运行。

智慧城市可以实现城市的可持续发展，随着人工智能、物联网、大数据等技术的不断发展与完善。建设智慧城市已然成为当今世界城市发展的趋势和方向，是城市发展的新模式。

智慧城市的概念源于 2008 年 IBM 公司提出的智慧地球的理念，是数字城市与物联网相结合的产物，被认为是信息时代城市发展的方向、文明发展的趋势。在我国，智慧城市已经发展了多年。

2012 年，我国发布了《国家智慧城市试点暂行管理办法》，从此拉开了智慧城市建设的序幕。

2013 年，住建部公布了 103 个城市（区、县、镇）为 2013 年度国家智慧城市试点。

2015 年，我国的智慧城市建设开始走向实施落地期。

2016 年，"十三五"规划提出建设一批示范性新型智慧城市。

2017 年，我国在建智慧城市数量超过 500 个。

2018 年，我国在建智慧城市数量已经达到了全球智慧城市数量的 48%。

2021 年，"城市大脑""数字底座""孪生城市"等新理念被人们接受。

新型智慧城市建设已成为国家战略，将开启"十四五"规划快速发展新征程。

智慧城市具有以下特征。

智能交通：通过智能化的交通管理来减少交通拥堵和事故的发生。

智能能源：通过对能源进行采集、储存、使用等方面的优化来减少能源浪费，实现能源的高效利用。

智能环保：智慧城市重视环境方面的保护，通过智能化环境监测可实现城市环境的实时调控来提升城市环境的质量。

智能安全：通过采用智能安全系统，采用视频监控、安全警报、紧急救援等措施，提高城市的安全性和应急响应能力。

智能公共服务：智能化的公共设施管理可以有效地提高城市居民的生活品质，提供更大的便利。

智慧城市的建设模型由感知层、网络层、平台层和应用层构成。感知层侧重于信息的感知和监测，通过覆盖范围大的感知网络获取各类信息。网络层由覆盖整个城市范围的互联网、通信网、广电网和物联网融合构成，可实现各类信息的广泛和安全传递。平台层由各类应用支撑公共平台和数据中心构成，可实现信息的有效、科学处理。应用层涵盖智慧政务、智慧城管、智慧教育、智慧家居、智慧小区、智慧医疗、智慧园区、智慧商业等各个领域的综合应用。这些应用与城市发展水平、生活质量、区域竞争力紧密相关。

9.1.2 应用案例——智慧交通

一卡通、摄像头等交通传感设备可以将城市交通参与者的交通行为记录下来，这些数据可以让那些以数据为基础的智慧城市技术在交通领域发挥重要作用，我们将这类技术称为智能交通技术。这类技术所采用的数据包括地图数据、定位数据、客流数据、道路微波测试数据等。

通过智能交通技术，人们可以享受更便捷的服务，比如以下几方面。

智慧出行需求：提供如公交运行时刻表、公交线路、路况信息、停车场位置及剩余车位量等信息。

智慧监管需求：这类服务主要包括应急指挥管理、交通监控服务、运营车辆管理等内容。

智慧运营需求：例如出租车管理与服务、车辆维修/检测服务、轨道交通运营和管理等内容。

在智慧城市的建设过程中，智慧交通是一个非常重要的领域。对交通信息的实时采集和处理可以提高交通运行的效率，缓解城市交通拥堵。同时，智慧交通还可以减少交通事故的发生，从而提高城市交通的安全性。

我国的智慧交通建设卓有成效。中共中央、国务院印发的《交通强国建设纲要》《国家综合立体交通网规划纲要》都将智能化水平作为交通强国的一项重要指标。在出行方面，全国 300 多个地级以上城市已实现交通一卡通互联互通，网约车、共享单车等"掌上出行"已成为大多数人的出行模式。北京、上海、广州、武汉等城市已经开展了无人驾驶汽车的出行服务。在物流方面，长江干线及其主要支流、西江干线、京杭运河航道基本实现电子航道图全覆盖，长江超过 85%的货运船舶依靠电子航道图引航作业。在监管方面，全国重点营运车辆联网联控系统建成，基于北斗卫星导航系统实现了 73 万"两客一危"车辆、620 万货运车辆联网联控，监测率超过 98%[①]。

9.1.3　应用案例——智慧政务

智慧政务指利用物联网、云计算、人工智能等信息技术和大数据分析手段，提高政府在办公、监管、服务、决策等方面的智能化水平。智慧政务可以帮助政府提升服务质量和效率，减少行政成本，促进社会发展。图 9-1 展示的政务数据资产可视化系统便是智慧政务的一种典型应用。

智慧政务的内容包括政务大数据、电子政务、数字化城市管理、智慧公共服务、政府数字化转型等方面，下面将分别进行介绍这几部分。

政务大数据指政府各机构在运转过程中产生的数据，例如人口普查、税务信息、医疗信息。利用先进的技术手段，对这些数据进行存储、分析和挖掘，可以帮助政府各机构更好地制定政策，提供风险评估和公共服务等。

电子政务指政府利用信息技术来提高政府办事效率和提供更好的公共服务，其中包括政府门户网站、电子政务服务平台等。

---

① 引自交通运输部党组书记、部长李小鹏在《中国网信》2023 年第 8 期发表的署名文章：《大力发展智慧交通　加快建设交通强国：为当好中国式现代化的开路先锋注入新动能》。

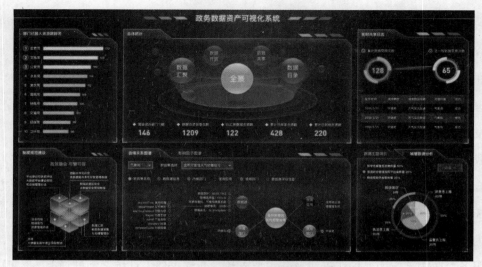

图 9-1　政务数据资产可视化系统

数字化城市管理利用物联网、云计算等技术，对城市各个领域的数据进行收集、分析、处理和应用，主要涉及城市规划、交通管理、公共安全、城市设施管理等方面。

智慧公共服务指运用信息技术手段，为城市居民提供更便捷高效以及个性化的服务，例如智慧医疗、智慧教育、智慧社区等。

政府数字化转型指政府部门从信息化走向数字化的过程，推动政府管理向数字化转型，包括数字政务、数字化政策等。

智慧政务的主要特点有数据驱动、一站式服务、便捷高效、智能管理和公开透明。

数据驱动：智慧政务基于大数据和人工智能技术，对政府数据进行挖掘和分析，为政府决策提供依据。

一站式服务：智慧政务提供一站式服务，人们可以通过单一窗口获取所有政务服务，不需要多次跑腿。

便捷高效：智慧政务通过移动端和互联网技术，让人们可以随时随地进行政务办理，提高政务办理效率。

智能管理：智慧政务可以对政府数据进行智能管理，自动发现异常数据和风险，有效预防和打击腐败行为。

公开透明：智慧政务可以通过数据可视化和公开透明的方式，让政府信息更加公开透明，提高政府的公信力。

智慧政务的应用范围非常广泛，涵盖政务服务、政策制定、公共安全、社会治理等多个领域。例如，政务服务可以提供在线办事、预约服务、证照管理等服务；政策制定可以通过大数据分析和人工智能技术，对政策进行模拟和预测；公共安全可以通过视频监控和人脸识别技术，提高公共安全保障水平；社会治理可以通过社交媒体和大数据分析，对社会舆情进行监测和管理。

9.1.4　应用案例——城市安全

作为智慧城市建设安全管理的一部分，平安城市系统的建设比其他城市信息化系统的建设起步更早，发展更快。现阶段在建或已建的平安城市系统的规模越来越大，监控/摄像头的数量不断增多，对存储、服务器以及管理平台的需求也在不断扩大，而由此扩展的应急指挥系统和数字城市管理系统等则需要采用大量的监控设备。

第一阶段平安城市建设的主要特征是单纯的系统建设，这一阶段已经结束。目前，平安城市建设将进入到深化、整合和提高的第二阶段。

智慧型平安城市建设主要围绕城市安全和城市可视化管理这两大主题，从平安城市的业务体系、技术架构、运行机制、运维管理、建设方式等多个维度出发，从而有效地提高政府应对和处理各类突发事件、灾害事故的能力，最大限度地减少各类灾害或事故的发生，以及所带来的危害和损失，全面提升城市信息化、数字化和城市应急管理水平。在这个基础之上，智慧城市对数据的处理和应用也提出了更高的要求。

9.1.5　发展前景

智慧城市在建设过程中面临着诸多挑战，主要体现在以下几方面。

数据安全与隐私保护：智慧城市建设涉及大量数据的收集和使用，确保数据安全，以及个人隐私有效得到保护成为这个过程中的一大挑战。

技术标准与互操作性：不同的智慧城市建设项目采用不同的技术标准和平台，实现互操作与数据共享是当中的一大挑战。

数据的融合与价值的挖掘：将分散在不同部门和平台的数据进行融合，并从中挖掘出有价值的信息，也是智慧城市建设中的一大挑战。

资金投入与运营模式：智慧城市建设需要大量的资金，合理地分配和使用这些资金及探索可持续的运营模式，又是智慧城市建设的一大挑战。

公众参与与反馈机制：让公众更广泛地参与到智慧城市的建设过程中，并建立有效的反馈机制以满足公众的需求和期望，是智慧城市建设的一大挑战。

智慧城市建设需要充分考虑这些挑战，采取相应措施以缓解或解决相应问题，才能做到真正实现智慧城市的愿景。

构建和完善智慧城市标准体系，其主要目的是确保智慧城市建设的规范性、可持续性和可推广性，需要从以下几方面进行考虑。

确立标准体系框架：智慧城市建设标准体系框架应包括基础设施、数据资源、应用服务、运营管理等多个方面，以确保标准体系的完整性和全面性。

制定标准规范：智慧城市建设标准规范应包括技术规范、管理规范、服务规范等多个方面，以确保标准的细化和具体化。

完善标准实施机制：智慧城市建设标准实施机制应包括监督检查、评估评价、培训宣传等多个方面，以确保标准的有效实施和推广应用。

推动标准国际化：智慧城市建设标准应积极参与国际标准化活动，加强和国际合作，以提升智慧城市建设的国际影响力和竞争力。

构建和完善智慧城市建设标准体系，是智慧城市建设的重要基础和保障，需要政府、企业等多方人员的共同努力。

9.2 智慧教育

9.2.1 智慧教育概述

智慧教育指在教育管理、教育教学、教育科研等领域全面深入运用云计算、大数据、人工智能等新一代信息技术手段，推动教育资源的共享、教学模式的创新和教育服务的智能化，以实现教育智能化、个性化和普惠化的过程。

智慧教育的发展历程可以分为以下几个阶段。

教育信息化阶段：20 世纪 90 年代，随着计算机技术的发展，教育信息化开始兴起，主要通过计算机网络技术实现教育资源的共享和业务协同，提高教育服务效率。

教育智能化阶段：21 世纪初，随着人工智能技术的发展，教育智能化开始兴起，主要通过智能化技术手段对教育服务方式进行创新，提供个性化、智能化的教育服务。

智慧教育阶段：随着云计算、大数据等新一代信息技术的发展，智慧教育开始兴起，以推动教育资源的共享、教学模式的创新和教育服务的智能化为目标，实现智慧化、个性化教育。

9.2.2 应用案例——智慧校园

《智慧校园总体框架》（GB/T 36342—2018）中对智慧校园的标准定义是：物理空间和信息空间的有机衔接，使任何人、任何时间、任何地点都能便捷地获取资源和服务。

智慧校园通常由以传感器网络及智能硬件为核心的校园基础设施和部署在数据中心云端服务器上的智慧化软件系统构成，常见功能可分为智慧教学环境、智慧教学资源、智慧校园管理、智慧校园服务四大板块。智慧校园的主要特点有数据共享、业务协同、服务创新、决策支持和信息安全。

数据共享：通过打破部门信息壁垒，实现校园数据的共享和业务协同，提高校园服务效率。

业务协同：通过建立校园服务协同平台，实现跨部门、跨层级的业务协同，提高校园服务能力。

服务创新：通过智能化技术，对校园服务方式进行创新，提供个性化的、智能化的校园服务。

决策支持：通过大数据分析技术，为校园决策提供数据支持和智能建议，提高校园决策效能。

信息安全：通过加强信息安全管理，确保校园数据安全和业务安全，保障校园信息安全。

目前，很多大学已经建立了比较完善的智慧校园平台。例如，清华大学在智慧校园建设中采用了统一身份认证系统、一站式服务平台、无线网络全覆盖等措施，实现了校园信息化的深度融合，并推出了"雨课堂"混合式教学平台，有效结合了线下课堂教学与线上自主学习。

9.2.3 应用案例——智慧教室

智慧教室是一种典型的智慧学习环境的物化形式，是多媒体和网络教室的高端形态，也是借助物联网技术、云计算技术和智能技术等构建起来的新型教室。这种新型教室包括有形的物理空间和无形的数字空间，通过各类智能装备辅助教学内容的呈现，提供便利的学习资源获取方式，促进课堂的交互开展。智慧教室旨在为教学活动提供人性化、智能化的互动空间，通过物理空间与数字空间的结合来改善人与学习环境的关系，促进个性化学习、开放式学习和泛在学习。

智慧教室主要包括以下几个系统：教学系统、显示系统、人员考勤系统、资产管理系统、灯光控制系统、空调控制系统、门窗监视系统、通风换气系统、视频监控系统。

智慧教室具有基于数据的教学、高效的教学、个性化学习、合作探究的学习方式、动态开放的课堂、教学机智的课堂等特征。

基于数据的教学：与传统课堂主要依靠老师的个人经验制定教学策略不同，智慧教室可以根据学生的学习行为，通过数据挖掘与大数据分析技术不断地调整教学策略，帮助老师更好地了解学生对知识的掌握水平。

高效的教学：用大数据技术构建的课堂可以大大地提高教学效率。通过数据挖掘等技术，老师可以提前知道学生的学习需求，学生可以获取最新的学习资源。

个性化学习：通过对随堂测验的即时分析，老师可以准确地把握每个学生对知识的掌握情况，实现对学生个性化能力评估，有针对性地制定教学方案和辅导策略，实现真正意义上的以学生为中心的一对一个性化教学。

合作探究的学习方式：通过小组协商讨论和合作探究的学习方式为学生找到相同学习需求和兴趣的同伴，提高学生的学习效率。

动态开放的课堂：智慧教室的课堂系统超过了时空限制，支持创新和开放，积极为学生激发创新、发展提供有利条件。

教学机智的课堂：智慧教室要求老师有随机应变的能力，根据教学过程中出现的情况，采取相应行动，及时调整教学设计，优化并改进课堂教学。

9.2.4　应用案例——校园安全智能管理

校园安全事故的发生会对学生的人身安全造成威胁，而学生自我保护能力还不够强，安全防范意识不强，因此，校园需要更完善的预警机制和更先进的管理方式。图 9-2 展示的行为识别可视化平台便是校园安全智能管理的典型应用。

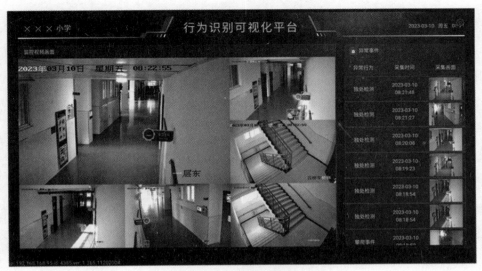

图 9-2 行为识别可视化平台

对于校园安全，我们可以通过以下系统来加强校园安全的智能管理。

校园出入智能管控系统：确保出入校园的人员（师生和相关校方人员，外来人员）可控可查。例如通过人脸识别、一卡通等手段管理人员出入校园登记，从而降低手工登记的人工成本，避免出现错登记、漏登记等情况。

可视化放学系统：提供科学引导，有序排队，减少拥堵和安全隐患，充分保障学生和家长的安全，减轻门卫和交管人员的疏导压力。

宿舍管理系统：实现宿舍检查、外访人员登记等功能，随时查看历史记录报表，规范宿舍管理流程。

请假管理系统：无纸化请假管理，家长、班主任可以随时查看学生的请假情况，有利于家长和老师掌握学生动向，保障学生安全。

访客管理系统：对出入校园的人员进行登记，实时查看、导出或打印访客记录，有效保障校园安全。

行为分析系统：大数据和人工智能技术赋予了监控系统智能行为分析的能力，让学校管理人员可以及时发现问题，有效解决校园安全的问题。

9.2.5 发展前景

智慧教育拥有非常广阔的前景，主要表现在以下几个方面。

教育资源共享：教育资源在云计算、大数据和物联网等技术的发展背景之下，可以实现更加广泛的共享和交流。同时，智慧教育也能够促进教育资源的优化配置和高效利用。

个性化教学：通过运用人工智能、机器学习等技术手段，老师对不同的学生实现个性化教学，满足不同学生的学习需求，提高学生的学习体验，进而提高学习效率。

智能化管理：通过运用云计算、大数据、物联网等技术手段实现智能化管理，提高校园治理水平，更好地服务于全体师生和校园社区。

教育服务创新：通过运用人工智能、大数据、云计算等技术手段，实现教育服务创新，为学生提供更加智能化、个性化的教育服务。

9.3 智慧医疗

9.3.1 发展历程

智慧医疗指通过打造健康档案区域医疗信息平台，利用物联网技术，实现患者与医务人员、医疗机构、医疗设备之间的互动，逐步达到信息化。

我国智慧医疗的发展可划分为 3 个阶段：医疗信息化阶段、智能化医疗阶段、智慧化医疗阶段。

医疗信息化阶段：20 世纪 90 年代以前，主要通过计算机和网络技术实现医疗信息的共享和传播。

智能化医疗阶段：20 世纪 90 年代，随着人工智能的发展，医疗行业主要通过智能化技术手段实现医疗的智能化、个性化和普惠化。

智慧化医疗阶段：进入 21 世纪后，随着云计算、大数据和物联网等新技术的发展，智慧化医疗开始出现，越来越多的医院开始自建机房和网络，购买和使用信息化管理系统。电子病历、自助服务机等新生事物也得到普及。

9.3.2 应用案例——远程医疗

远程医疗指通过以计算机技术、遥感、遥测、遥控技术为依托，充分发挥大医院或专科医疗中心的医疗技术和医疗设备优势，对医疗条件较差的边远地区、海岛或舰船上的伤员进行远距离诊断、治疗和咨询。

远程医疗技术已经从最初的电视监护、电话远程诊断发展到利用高速网络进行数字、图像、语音的综合传输，并且实现了实时的语音和高清图像的交流，为现代医学的应用提供了更广阔的发展空间。

远程医疗包括远程会诊、医疗教育、建立多媒体医疗保健咨询系统等方面。通过远程会诊，病人可以在所在地或原就医医院接受外地专家的诊治，得到更有效的治疗，这大大地节约了医生与病人的时间和金钱成本。图 9-3 展示的远程医疗平台便是远程医疗的一种典型体现。

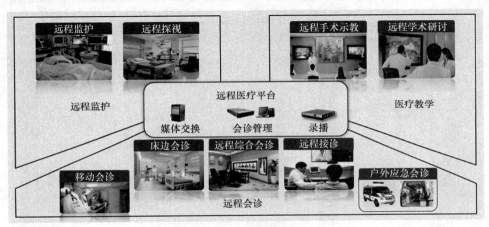

图 9-3　远程医疗平台

2024 年 5 月，复旦大学附属中山医院葛均波院士团队与新疆喀什地区第二人民医院的医生借助 5G 技术，跨越 5200 km，成功实施了全球最远距离的远程泛血管介入机器人辅助经皮冠状动脉介入治疗手术。不仅如此，我国的院校也积极开展远程医疗工作。2019 年 11 月，武汉大学口腔医院与刚果（金）金沙萨大学医学院签署远程医疗合作协议，武汉大学口腔医院作为提供方，将为刚果（金）金沙萨大学医院提供远程会诊、远程影像诊断、远程教育、远程数字资源共享、视频会议及双向转诊、远程预约等服务。

9.3.3　应用案例——电子病历

电子病历是一种使用计算机、健康卡等电子设备来保存、管理、传输和重现的数字化医疗记录，其示例如图 9-4 所示。电子病历不仅包括病程记录、检查检验结果、医嘱、手术记录、护理记录等原始信息，还包括提供的相关服务，以电子化方式管理着病人的健康状态和医疗保健行为。

电子病历应具有两方面的内容：一是医生、患者或其他获得授权的个人，在任何情况下都可以完整、准确、及时地获取到个体的健康资料；二是根据需要可以及时、准确地给出个体健康状态的最优调整方案和实施计划。2018 年，国家卫健委发布了《电子病历系统应用水平分级评价管理办法（试行）》，要求按照国家统一标准对医院的整体电子病历应用水平进行科学评价，并引导医疗机构积极开展以电子病历为核心的信息化建设，各家医院电子病历系统的应用水平按照表 9-1 所示等级进行评价。

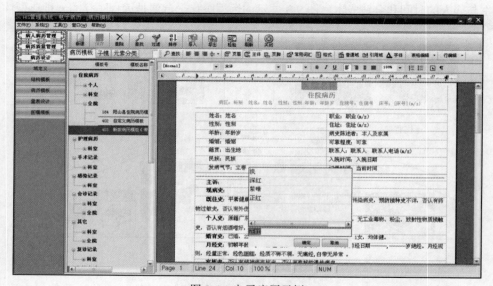

图 9-4　电子病历示例

表 9-1　电子病历系统应用水平等级

等级	内容
0	未形成电子病历系统
1	独立医疗信息系统建立
2	医疗信息部门内部交换
3	部门间数据交换
4	全院信息共享，初级医疗决策支持
5	统一数据管理，中级医疗决策支持
6	全流程医疗数据闭环管理，高级医疗决策支持
7	医疗安全质量管控，区域医疗信息共享
8	健康信息整合，医疗安全质量持续提升

目前，我国已有 25 个省份开展了电子健康档案省内共享调阅，17 个省份开展了电子病历省内共享调阅。2024 年 5 月，首都之窗网站公布了《北京市加快医药健康协同创新行动计划（2024—2026 年）》，这意味着北京将建设全市共享的门急诊、住院、体检、科研等电子病历体系。电子医疗的进一步共享，将使得人们就医变得更方便。

9.3.4 应用案例——智能药物设计

人工智能驱动设计（AI Drug Discovery and Design，AIDD）是一种充分利用人工智能能力，为产品和过程的设计提供支持和优化的方法，广泛应用于化学、医药、生物技术领域。随着医药大数据的积累以及人工智能技术的不断发展，使用人工智能技术结合大数据来精准设计药物正在不断推动药物的创新发展。

药物研发过程主要包括药物靶点确定、先导化合物的发现与优化、候选药物确定、临床前研究和临床研究。整个药物研发过程就是验证某个靶点在人体中的生物学功能的过程。

早期的药物发现主要有经验尝试、化合物筛选以及偶然发现，而在现代药物研发过程中，机器学习在定量结构–活性关系模型、定量结构–性质关系模型等方面发挥着重要的作用。高盛集团曾指出：人工智能有望每年降低 280 亿美元的新药研发成本。图 9-5 展示了人工智能参与新药研发的环节。

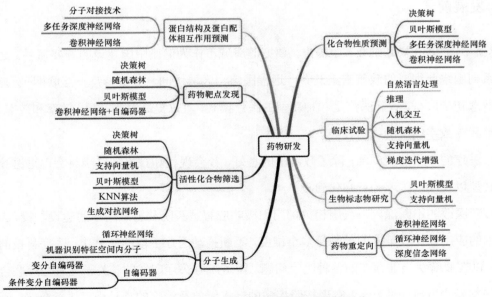

图 9-5　人工智能参与新药研发的环节

在新型冠状病毒肺炎的治疗方案中，计算机辅助药物生物计算的方法可以发现有效阻止病毒感染的药物分子，这为治疗提供了新的治疗思路。人工智能技术可以在一定程度上降低药物设计过程中的试错成本，还能带来很多全新的药物结构，为新药研发打破常规的结构壁垒。

2020年11月，DeepMind公司的AlphaFold成功地预测出蛋白质的三维结构，如图9-6所示。距离这一成就仅仅过去不到两年，美国华盛顿大学David Baker教授团队在《细胞》杂志上发表论文，利用人工智能技术精准地从头设计出了能够穿过细胞膜的大环多肽分子，开辟了设计全新口服药物的新途径。传统的药物开发方式将可能因此而被颠覆，利用人工智能技术直接计算出药物分子结构将不是遥远的梦想。

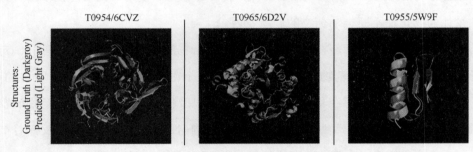

图9-6　AlphaFold预测的蛋白质三维结构（深灰）与实际结构（浅灰）对比

9.3.5　发展前景

《健康中国2030规划纲要》中提出，要把健康城市作为健康中国建设的首要抓手。之后，一系列围绕此纲要的政策密集发布，远程医疗、区域协同、分级诊疗、互联网+医疗健康的概念初步成型。智慧医疗是一种新型的医疗模式，可以提高医疗品质、效率和效益，能够推动我国数字经济的飞速发展。

智慧医疗的应用前景广阔，除了政策上的利好，社会现状和技术的进步将会促进医疗智慧化转型以及助推医院的智慧化建设。

随着新医改的不断深入，我国相关部门积极响应智慧医院和智慧医疗的建设与投入、从新技术的应用以及政策上的鼓励等多个维度，不断推动医疗手段的信息化、医疗科技的智能化，以有效解决当前存在的各种医疗问题。国务院办公厅印发的《关于推进医疗联合体建设和发展的指导意见》要求实现按照疾病的轻重缓急及治疗的难易程度进行分级，不同级别的医疗机构承担不同疾病的治疗，逐步实现从全科到专业化的医疗过程，真正实现电子病历互联互通。

　　智慧医疗可以有效地缓解日益增长的就诊压力，解决当前老龄化加剧、慢性病健康管理等问题。物联网、大数据、云计算、人工智能等技术的快速发展为医疗的智慧化提供了技术保障，促进医院联合医疗保险、社会服务等部门在各个环节对患者就医和医院服务流程的简化，医疗信息得以在患者、医护人员之间共享，极大地提高医疗的工作效率。

习　　题

9-1　什么是城市交通潮汐现象？

9-2　智慧政务的内容包括哪些方面？

9-3　智慧城市建设过程中需要解决哪些方面的问题？

9-4　智慧教育的主要特点是什么？

9-5　智慧医疗的发展历程包括哪几个阶段？

实　　验

1．实验主题

使用文心一言生成代码，并在 Jupyter 在线开发环境中运行该代码。

2．实验环境

Jupyter 在线开发环境、文心一言。

3．实验说明

（1）使用文心一言自动生成代码，将代码复制到 Jupyter 在线开发环境下运行，实现对给定年份是否为闰年的判断。

（2）自定义一个编程题目，根据上一个实验过程，完成该题目，并生成实验报告。

4．实验内容

（1）使用文心一言生成 Python 代码，如图 9-7 所示。

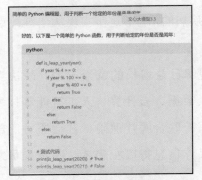

图 9-7　文心一言生成的 Python 代码

（2）打开 Jupyter 官网，选择 JupyterLab 在线开发环境，如图 9-8 所示。

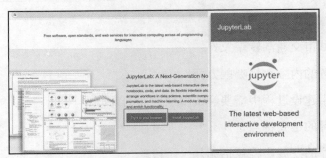

图 9-8　JupyterLab 在线开发环境

（3）将生成的 Python 代码复制到 JupyterLab 中进行测试，运行并输出结果，如图 9-9 所示。

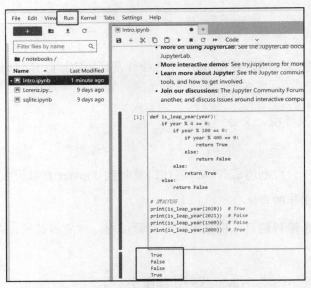

图 9-9　复制代码并运行

5．提交文档

根据上述实验步骤，自定义一个编程题目，将实验过程和输出结果整理成一个 Word 格式的报告并提交。

· 思考篇 ·

项目十　人工智能之伦理与安全

人工智能伦理与安全主要研究人工智能在伦理和安全层面所涉及的问题。它关注透明度和可解释性、公平性和无偏见、隐私和数据保护、责任与问责、社会影响和可持续发展、公众参与和道德决策等方面，其中，透明度和可解释性要求系统能够解释其决策过程，公平性要求避免歧视，隐私保护涉及合理的数据使用和保护政策，责任与问责要求开发者和使用者承担责任，社会影响关注就业和社会结构变化，安全性保护系统免受恶意滥用。解决了这些问题，我们才可以确保人工智能的发展和应用能够符合道德和法律要求，最大程度地造福人类社会。

本项目的主要内容：

（1）人工智能伦理相关概念、问题及其产生原因与解决方式；

（2）传统数据安全与人工智能数据安全；

（3）人工智能相关的法律法规；

（4）人工智能伦理与安全的分析及各国的治理策略。

导读案例

人工智能不为人知的一面

要点： 人工智能光鲜背后的"黑暗面"包括隐私数据被泄露、偏见和歧视、失业和经济不平等、人类依赖和失能、操纵和滥用、缺乏透明性和解释性等。

此前有网友爆料，称自己在某网站购买机票时未立刻支付，前后仅仅几分钟，该网站先是显示无票，然后价格突然从 17000 元左右涨至近 19000 元。而同样的机票在航司官网仅需 16000 元左右。这令网友感觉自己被"杀熟"了。对此，该网站官方致歉并回应称，平台绝不存在任何"杀熟"行为，是新版本中机票预订程序存在故障导致的。不止该网站，其他消费类网站也被曝光存在"杀熟"现象。

在求职方面，企业会使用人工智能算法来筛选求职者。人工智能算法不仅可以帮助企业从成千上万份简历中筛选出符合自己要求的求职者，还可以主动寻找合适的人才。然而，有些算法实际上并不能准确衡量一个人的工作能力，导致寻找到的求职者与企业目前所拥有的员工相似，甚至使女性、少数民族或其他群体被无意识地排除。

在种族和性别偏见方面，麻省理工学院的研究人员发现，在特定情况下，Rekognition（亚马逊图像识别技术）无法可靠地辨别女性和深肤色人群。弗吉尼亚大学的研究人员进行的一项研究显示，ImSitu 和 COCO（两个知名的图像数据集）在描述体育、购物等活动时表现出性别偏见，例如，购物图片倾向于与女性关联，教练图片则倾向于与男性关联。

10.1 人工智能伦理

10.1.1 人工智能伦理的概念

人工智能伦理是研究人工智能系统和技术在道德和价值观方面所涉及问题和原则的学科领域。它关注的是在开发、设计和使用人工智能系统时应遵循的道德准则和行为规范，以确保人工智能的发展和应用符合人类价值观和社会的伦理标准。

人工智能伦理涉及多个方面，其中一些重要的概念如下。

透明性和可解释性：人工智能系统应该能够解释其决策和行为的原因和过程，使用户和利益相关方能够理解和信任系统的运作方式。

公平性和无偏见：人工智能系统应该避免对个体或群体进行不公平和偏见的对待，应该基于公正、平等和无偏见的数据和算法进行训练和决策。

隐私和数据保护：人工智能系统在处理个人数据时应遵守隐私和数据保护原则，保障个人信息的安全。

责任和问责：人工智能系统的开发者和使用者应该承担相应的责任，对系统的行为和结果负责，并能够解决和改正由系统导致的问题和错误。

社会影响和可持续发展：人工智能的应用应该促进社会的可持续发展，避免对社会造成负面影响。

公众参与和道德决策：社会各方应该积极参与人工智能的发展和决策过程，以确保决策是基于广泛的道德和伦理考量，且符合各方利益。

10.1.2　人工智能伦理问题

（1）数据隐私和安全

人工智能需要大量数据进行学习和训练模型。然而，数据的收集和处理可能侵犯个人的隐私权，这包括个人身份信息、位置数据、医疗记录等敏感信息的使用。保护数据隐私的挑战在于确保数据收集的合法性、数据存储的安全性，以及数据使用的透明性。合适的数据保护措施和隐私法规的制定可以帮助解决这个问题。

（2）偏见和歧视

人工智能在学习过程中可能受到训练数据中的偏见影响，从而导致在决策和推荐中出现歧视行为，如种族、性别、年龄、地域等方面的歧视。要解决这个问题，就要建立公平和多样化的训练数据集，并开发算法来纠正潜在的偏见和歧视。此外，审查和监管算法的使用也是确保公平性的重要手段。

（3）失业和经济不平等

人工智能技术可能导致某些工作岗位的数量减少或消失，从而对就业市场产生影响，增加失业率，加剧收入不平等，增大社会经济差距。要解决这一问题，就要通过职业培训和教育来帮助相关人员适应新的工作环境。同时，建立社会保障机制和政策来减少收入差距，确保机会平等。

（4）人类依赖和失能

对人工智能技术的过度依赖可能使人们失去关键技能，从而过度依赖机器。这可能对个人和社会产生负面影响，降低人类的独立性和创造能力。要解决这个问题，就要在教育系统中强调培养创造性思维、批判性思维和适应性技能，以便人们能够适应技术变革，并与人工智能系统进行合作。

（5）操纵和滥用

人工智能系统可能被恶意用于操纵公共舆论、传播虚假信息、进行网络攻击等不道德行为，这需要加强监管和安全措施，确保人工智能系统的使用符合道德和法律准则。同时，加强公众对人工智能系统滥用存在的潜在风险认识也是至关重要的。

（6）缺乏透明性和解释性

一些复杂的人工智能系统难以解释其决策和推理过程，缺乏透明性，这使得用户很难理解系统的运作方式，从而对其产生不信任。要解决这个问题，就要研究和开发可解释的人工智能技术，使系统的决策过程能够被解释和理解。

（7）责任和问责

人工智能系统的行为和决策可能产生重大影响，但责任和问责的界定可能变得复杂。在解决人工智能的伦理问题时，需要明确利益相关方的责任，并建立相应的法律和伦理框架，其中包括开发者、制造商、政府、监管机构等方面的责任。同时，建立问责机制和机构，以监督和调查人工智能系统的使用，确保其符合道德和法律准则。

10.1.3　人工智能伦理问题产生的原因

人工智能伦理问题产生的原因是多方面的，以下是一些主要原因。

（1）数据偏见和不完整性

人工智能系统的学习和训练依赖大量的数据。如果数据集中存在偏见或缺乏代表性数据，那么系统在作出决策时可能产生不公平或歧视性的结果。

（2）技术局限性

人工智能系统在决策和推理过程中会受到算法的限制，或存在技术的局限性。算法可能无法透明地解释其决策过程，或者容易受到对抗性攻击。技术的局限性可能导致系统无法满足伦理和道德要求，或者产生无法预测的行为。

（3）缺乏监管和规范

人工智能技术的发展迅速，而法律和伦理框架通常滞后于技术的发展。缺乏明确的监管和规范使得人工智能系统的开发和应用难以受到约束，这可能导致隐私侵犯等伦理问题的出现。

（4）利益冲突和商业驱动

人工智能技术的应用通常由商业和经济需求驱动。在商业环境中，利润和市场竞争的压力可能导致伦理问题被忽视。例如，算法为了满足商业目的而过多地获取用户数据。

（5）社会与文化因素

人工智能系统的行为和决策往往受到开发者和数据提供者的社会和文化背景的影响，

这可能导致对特定群体的偏见和歧视，或者不适当的价值观体现在系统的设计和训练中。文化多样性和包容性的缺乏可能加剧伦理问题的出现。

（6）缺乏透明度和公众参与

人工智能系统的开发和应用通常缺乏透明度和公众参与，这使得用户和受影响的个体难以理解和参与系统的行为。缺乏透明度和公众参与可能导致信任缺失，以及对系统决策的不满和抵制。

10.1.4　人工智能伦理的治理

就目前阶段而言，解决人工智能伦理问题，可以从以下几个方面着手。

（1）法律和政策制定

法律和政策制定是关键的一步。制定明确的法律框架，涵盖人工智能开发和应用的各个方面，如数据保护、隐私保护、反歧视、透明度和问责等。此外，建立独立的监管机构或加强现有机构的职能，让他们负责监督和执行相关法律和政策。国际合作也是必要的，制定跨国的法律和政策标准，以应对跨境人工智能应用带来的伦理问题。

（2）伦理准则和指南

制定和推广明确的人工智能伦理准则和指南是至关重要的。这些准则应该涵盖公平性、透明度、隐私保护、责任和问责等关键原则，以确保人工智能系统的合理和可信赖。这些准则和指南可以为开发者和使用者提供行为规范和指导，以便开发者和使用者在开发和应用人工智能技术时遵守。

（3）技术创新和研究

技术创新和研究也是解决伦理问题的重要途径。例如，开发可解释的人工智能算法，使系统的决策过程能够透明并可理解。此外，我们还需要研究减少数据偏见的方法，以确保数据集的多样性和代表性。

（4）监管和审核机制

要有效监管人工智能系统，就需要建立独立的监管机构。这些机构负责审查和监督人工智能系统的开发和应用，他们可以审核算法的公平性、透明度、安全性和合规性，并进行风险评估，识别和管理潜在的伦理和社会风险。

（5）公众参与和透明度

公众参与和透明度也是治理人工智能伦理问题的重要因素。应该鼓励公众参与人工智能伦理问题的讨论和决策过程。举办公众听证会、征求意见和建立公众咨询机构，确保公众的声音被充分考虑。此外，加强人工智能系统的透明度，包括公开算法、数据使用和决策过程，以增强用户的信任和理解。

（6）教育和培训

教育和培训在解决人工智能伦理问题中起着关键作用。提供人工智能伦理教育和培训，加强开发者和决策者的伦理意识。同时，推动跨学科的教育和研究合作，将伦理和社会科学纳入技术开发的过程中。此外，提高公众对人工智能伦理问题的认知和理解，增强用户的权益保护和参与度。

（7）国际合作和标准化

国际合作和标准化也是重要的因素。加强国际合作，共同制定的人工智能伦理标准和准则，确保全球范围内对人工智能伦理认识的一致性。此外，应加强跨国公司的合规性监管，以防止跨境数据流动和人工智能应用带来新的伦理问题。

10.1.5　人工智能伦理的典型案例

（1）脸部识别技术的种族偏见

一些商业化的脸部识别技术在识别非白种人面孔时出现较高的错误率，存在种族偏见的问题。

MIT 媒体实验室（MIT Media Lab）的研究员 Joy Buolamwini 与微软的科学家 Timnit Gebru 选择了微软、IBM 和旷视（Face++）这家公司的人脸识别应用，对它们的性别判定人脸识别功能进行测试。这次测试使用的数据集中包含 1270 张人脸图片，图中人物分别来自 3 个非洲国家和 3 个欧洲国家。在一组 385 张照片中，白人男性的识别误差最高只有 1%，而在另一组 271 张照片中，肤色较黑的女性识别误差率高达 35%。这些脸部识别系统在非白种人面孔上的错误率比白种人高得多，可能导致错误的指认和不公平的对待。

（2）隐性偏差问题

在人工智能时代，不可避免地会出现隐性偏差问题。美国波士顿市政府曾推出一款手机应用，鼓励市民通过该应用向政府报告路面坑洼情况，借此加快路面维修进展。这款应用却因老年居民使用智能手机的比率偏低而让政府收集到的数据多为年轻人反馈数据，因此导致老年人步行受阻的一些坑洼长期得不到处理。很显然，在这个例子中，具备智能手机使用能力的群体相比于不会使用智能手机群体而言，前者具有明显的比较优势，可以及时把自己群体的诉求表达出来，获得关注和解决，而后者的诉求无法及时得到响应。

（3）百度推广医疗事件

用户在使用百度搜索引擎搜索关键词时，不管用户是否接受，在返回的搜索结果当中，总会包含一些百度推广给出的营销内容。魏则西事件更是使百度的这一营销做法备受争议。魏则西事件指 2016 年 4 月至 5 月初在互联网引发网民关注的一起医疗相关事件。当时，西安电子科技大学 21 岁学生魏则西因滑膜肉瘤病逝。他去世前在知乎网站撰写治疗经过时称，通过百度搜索找到了排名靠前的武警北京第二医院的生物免疫疗法，随后在该医院治疗后致病情耽误，此后了解到，该技术在美国已被淘汰。由此众多网友质疑百度推广提供的医疗信息有误导之嫌，耽误了魏则西的病情和最佳治疗时机，最终导致魏则西失去生命。百度公司利用自己对网页数据的绝对优势在向网民呈现搜索结果时，并不是按照信息的重要性来对搜索结果进行排序，而是把一些百度推广的营销内容放在了搜索结果页面的显著位置。

（4）"信息茧房"

现在的互联网，基于人工智能推荐的应用越来越多。每一个应用软件的背后，都有一个团队，时时刻刻研究人们的兴趣爱好，推荐人们喜欢的信息来迎合使用者的需求。久而久之，人们一直被"喂食"着经过智能化筛选推荐的信息，导致被封闭在一个"信息茧房"中，看不见其他丰富多彩的信息。

今日头条软件就是"信息茧房"的典型代表。今日头条是一款基于数据挖掘的推荐引擎产品，为用户推荐有价值的、个性化的信息。用户在今日头条软件上产生阅读记录以后，今日头条就会根据用户的喜好，不断推荐用户喜欢的内容，屏蔽用户不喜欢的内容，这样用户将看不到他不感兴趣的内容。于是，在今日头条中，人们的视野被局限在一个狭小的范围内，所关注的内容就成了一个"信息茧房"。

10.2　人工智能安全

10.2.1　人工智能安全的概念

人工智能安全是保护人工智能系统免受安全威胁和攻击的一系列措施。它涉及机器学习安全、隐私保护、透明度和解释性、负面偏差和公平性、安全评估和认证，以及伦理和道德等方面。

机器学习安全旨在提高模型稳健性，防止对抗性攻击和数据篡改。

隐私保护关注个人数据的安全性和合规性，防止数据被滥用和泄露。

透明度和解释性提高人工智能系统的可理解性，增加用户信任。

负面偏差和公平性要求避免算法歧视和决策偏见。

安全评估和认证可以评估系统的安全性和风险，提供系统可信度。

伦理和道德关注人工智能系统的道德责任和社会影响。

10.2.2　人工智能安全问题

人工智能安全问题不容忽视。随着人工智能的应用领域越来越广，人工智能安全的影响范围也在不断扩大，具体体现在如下方面。

（1）对抗性攻击

人工智能系统容易受到对抗性攻击，攻击者可以通过对输入数据进行修改来欺骗系统。例如，在图像分类中，可以通过添加对人眼几乎不可见的干扰来欺骗图像分类器，使分类器错误地将一只猫识别为一只狗。这种攻击会导致系统做出错误的决策或产生不可预测的行为。

（2）隐私和数据泄露

人工智能系统需要大量的数据进行训练和学习，因此隐私和数据泄露成为一个重要的安全问题。如果这些数据未经充分保护或在处理过程中被泄露，那么数据可能被滥用或用于进行针对个人的攻击。

（3）恶意使用和滥用

人工智能技术可能被恶意使用或滥用，进行网络攻击、欺诈、虚假信息传播等活动，例如使用自然语言生成模型生成虚假消息。

（4）不可解释性和透明度

一些人工智能算法和模型缺乏透明度和可解释性，使其决策过程难以理解和追踪。这可能导致用户对系统的行为感到困惑，同时也增加了潜在的安全风险，例如金融、医疗等关键领域中的决策可能缺乏可信度和可解释性。

（5）自主系统的安全性

自主系统，如自动驾驶汽车或机器人，具有自主决策和行动能力。然而，这些系统可能受到入侵、篡改或操纵的威胁，导致采取危险的行为或系统的控制权被攻击者夺取。

（6）数据不平衡和偏见

人工智能算法的训练数据可能存在不平衡和偏见，这可能导致系统对某些群体或特定属性的人作出错误或不公平的决策。例如，在招聘领域，如果训练数据偏向于某个特定群体，那么算法可能会选择倾向于该群体的候选人，而忽视其他群体的潜在候选人。

10.2.3　人工智能安全问题产生的原因

人工智能安全问题产生的原因是多方面的，需要从技术、伦理、法律、社会等多个角度进行综合考虑和分析。以下列出几个主要原因。

（1）数据质量和偏见

人工智能系统的性能很大程度上依赖于训练数据的质量和多样性。如果数据存在偏见、不平衡或含有错误信息，那么系统就有可能学习到这些问题并表现出相应的偏见或作出错误决策。

（2）存在算法设计和实现漏洞

人工智能算法的设计和实现可能存在漏洞，这些漏洞可以被攻击者用来欺骗或干扰系统。例如，一些算法可能对输入数据的微小修改非常敏感，从而容易受到对抗性攻击。

（3）不完善的安全考虑

人工智能系统的开发过程中若重点关注性能和功能时，安全性可能被忽略或放在次要位置，这将导致系统在面对安全威胁时存在脆弱性。

（4）快速发展和复杂性

人工智能领域发展迅速，新的算法和技术层出不穷，这种快速发展和复杂性使得人工智能系统的安全性评估和保护变得更加困难。安全研究和对策通常滞后于技术的进步。

（5）人为恶意行为

一些人工智能安全问题是由人员恶意制造的。例如，他们试图通过攻击人工智能系统来获取个人信息、传播虚假信息或操纵系统行为。

（6）监管机制和标准不完善

目前，对于人工智能安全的监管和标准仍然相对不完善，缺乏明确的指导方针和规范，使得开发人员和组织在保护人工智能系统安全方面面临挑战。

10.2.4　人工智能安全的治理

治理人工智能安全问题是确保人工智能系统安全性和可靠性的关键措施。以下是一些解决人工智能安全问题的建议。

（1）政策和法规

制定相关的政策和法规来规范人工智能系统的开发、部署和使用，这些政策和法规应涵盖数据隐私保护、安全审查、责任追究等方面。

（2）跨学科合作

人工智能安全问题的解决需要跨学科的合作。计算机科学、法律、伦理学等领域的专家通过合作，从技术、伦理、社会和法律等多个维度制定综合的安全治理策略。

（3）数据隐私保护

加强对个人数据的保护，确保数据收集、存储和处理符合隐私法规和最佳实践。采取数据脱敏、加密和安全存储等措施，限制数据的访问和使用，以防止数据泄露和滥用。

（4）安全评估和认证

建立人工智能系统的安全性评估和认证机制。例如，对系统的漏洞和弱点进行审查，评估系统对不同类型攻击的稳健性，并提供相应的认证标准和标签。

（5）稳健性和对抗性训练

加强人工智能算法和模型的稳健性，使其能够抵御对抗性攻击和干扰。通过对抗性训练和生成对抗网络等技术，使系统能够识别和应对攻击，并保持高效和准确的决策能力。

（6）透明度和解释性

提高人工智能系统的透明度和解释性，使其决策过程可以被理解和解释，这可以通过开发可解释的算法和模型、提供决策解释的机制和工具等方式实现，增加用户和监管机构对系统行为的信任。

（7）安全意识培训

加强人工智能系统开发者、用户和相关利益相关者的安全意识培训。提供关于人工智能安全风险和最佳实践的培训和指导，帮助他们识别和应对潜在的安全威胁。

（8）国际合作和标准制定

加强国际合作，推动制定跨国界的人工智能安全标准和指南。通过共享经验和最佳实践，促进全球范围内的人工智能安全治理，减少安全漏洞和风险。

10.2.5 人工智能安全问题的典型案例

（1）人工智能成"监工"：算法下外卖骑手挑战交通规则，"助手"可能变"杀手"

为提高配送效率，一些外卖平台研究开发了实时智能配送系统。借助人工智能算法，平台可以最优化地安排订单，也可以为外卖配送员规划最合理的路线。但出于平台、外卖配送员和用户三方效率最大化的目标，人工智能算法将所有时间压缩到了极致。为了按时完成配送，外卖配送员只能超速行驶。超速、闯红灯、逆行等外卖配送员违反交通规则的举动是一种逆算法，是他们长期在系统算法约束下做出的无奈之举。而这种逆算法的直接后果是外卖配送员遭遇交通事故的数量急剧上升。这也意味着，在很多人类劳动者和人工智能的协作专业工作中，人类将处在被管辖和被监督的境地。

这个案例虽然讲的是外卖配送员，但人们可以思考，当人工智能算法嵌入人类社会的方方面面时，人们在不知不觉中已经作为数据被算法研究，人们每天看到的信息究竟是算法推送的还是客观公正的？算法的技术不断臻于完美，商业利益不断迭代，这对人类福祉的影响到底是什么？对人工智能企业来说，应在早期产品实验室研究过程和产品化过程中考虑到平等问题；作为个人，在推动人工智能治理时，应思考如何贡献更多前瞻性看法。

（2）自动驾驶服务，人工智能系统伦理与安全问题引发关注

图 10-1 展示了自动驾驶应用场景。尽管自动驾驶技术具有诸多优势，但它在伦理和安全上也存在一些争议。

2018 年，Uber 在亚利桑那州测试 3 级自动驾驶汽车时，发生了首起由自动驾驶汽车造成的行人致命事故。事发时，尽管有驾驶员坐在方向盘前，但这辆车当时正处于自动控制模式。这起事故凸显了是否应该依赖人工智能的感知检测系统，以及在高压、时间紧迫的情况下，人工接管是否可行。

2023 年 10 月 2 日，一名行人在美国旧金山市区街道上，连续被一辆轿车和一辆 Cruise 公司运营的无人驾驶出租车撞击和碾压，其中无人驾驶出租车还将这名行人拖行了 6 m 多的距离，加重了这位行人的伤势。这是自 2018 年 Uber 无人车撞死过街行人之后，美国非常严重的一起自动驾驶汽车交通事故。

2023 年，南京某司机希望驾驶更便捷，就打开了车辆的自动驾驶功能。这个功能主要是车道保持和定速巡航。之后，驾驶员开始打瞌睡。行驶途中有一段路两边没有虚线导致车辆无法识别车道边界，发生碰撞。

这些案例突显了自动驾驶在人工智能安全和伦理上面临的挑战。解决这些问题需要加强安全性措施、制定隐私保护政策、推进数据公平性和透明度，并确保人类参与和责任的明确界定。同时，社会各界需要就这些问题展开深入讨论，并制定相应的法规和道德准则，以确保自动驾驶技术的安全和伦理可行性。

（3）亚马逊人工智能招聘工具暴露性别歧视问题

亚马逊公司的人力资源部门在某一时期使用了基于人工智能技术的招聘软件来帮助审核简历并提出建议。然而，该软件对男性申请人更有利，因为其模型基于过去 10 年提交给亚马逊简历接受培训的候选人，当时雇用的男性候选人更多，因此该软件降级了包含"女性"一词的简历或暗示申请人是女性的简历。后来，亚马逊公司放弃使用该软件。人工智能对候选人进行性别筛选示意如图 10-1 所示。

图 10-1　人工智能对候选人进行性别筛选示意

讨论：人脸识别如何兼顾个人隐私保护和社会应用？

　　"扫码"与"刷脸"现在已经是日常生活中的常态，图 10-2 展示了基于人脸识别技术的"刷脸"入园场景。2019 年 4 月，浙江杭州市民郭某花费 1360 元，购买了一张杭州野生动物世界"畅游 365 天"的双人卡，并确定以指纹识别方式入园游览。同年 10 月，园方将指纹识别升级为"刷脸"入园，并要求用户录入人脸信息，否则将无法入园。"刷脸"认证在大多数人看来就是对着手机点点头、眨眨眼的事儿，但郭某认为人脸信息属于高度敏感个人隐私，野生动物世界无权采集，不接受人脸识别，要求园方退卡。园方则认为，从指纹识别升级为人脸识别，是为了提高效率。双方协商无果，郭兵一纸诉状将杭州野生动物世界告上了法庭。

图 10-2　基于人脸识别技术的"刷脸"入园场景

　　2021 年 4 月 9 日，浙江省杭州市中级人民法院就原告郭兵与杭州野生动物世界有限公司（以下简称野生动物世界）服务合同纠纷二审案件依法公开宣判，认定野生动物世界刷脸入园存在侵害郭兵面部特征信息之人格利益的可能与危险，应当删除，判令野生动物世界删除郭兵办理指纹年卡时提交的包括照片、指纹在内的识别信息。该案被称为"人脸识别第一案"。

习　题

10-1　请列举出人工智能安全问题体现在哪些方面。

10-2 请列举两个人工智能伦理的相关实例。

10-3 请阐述人工智能时代安全问题的对策。

10-4 请阐述如何开展人工智能伦理问题的治理。

项目十一 人工智能之风险治理政策与法律法规

人工智能技术给人们带来便利的同时也带来了安全风险。这些风险具有广泛性、复杂性，不但影响个体，还会对社会造成威胁。面对人工智能这样具有颠覆性的技术，专家和学者们的担忧从未停止，例如霍金提出的"人类文明终结论"、科林格里奇的"科林格里奇困境"与库兹韦尔提出的"人工智能奇点论"。技术是一把双刃剑，对技术引发的安全风险进行规避是各国（地区）政府面临的重大议题。风险治理政策是政府开展风险治理实践的重要依据，也是用于观察政府治理理念、具体治理行动的重要途径。本章所研究的人工智能风险治理政策，即是探究公共政策中对人工智能风险治理的设计政策。

本项目的主要内容：

（1）人工智能的相关政策；

（2）与人工智能相关的法律法规。

🐉 导读案例 🐉

人工智能全面治理时代，充满机遇和挑战！

要点： 全球范围内已经全面开启人工智能治理时代，人工智能治理需要政府、企业、社会组织、公众等多方共同参与，以使人工智能技术健康有序发展。

近些年来，全球范围内的各个国家和地区开始制定或完善关于人工智能的立法和监管框架。例如，欧盟首次发布针对人工智能技术的监管法规草案，美国提出赋予社交媒体用户禁用算法的权利等。这些法律法规的出台，标志着人工智能治理开始进入实质性的监管落地阶段。

随着人工智能技术的广泛应用，伦理问题日益凸显。为此，全球范围内开始建立并深化人工智能的伦理规范。例如，联合国教科文组织通过了首份人工智能伦理问题的全球性协议，国内也发布了《新一代人工智能伦理规范》等文件。这些伦理规范的建立与深化，为人工智能技术的健康发展提供了道德指引。

此外，技术安全事件也时有发生。例如，湖南岳阳警方破获了一起利用人工智能语音机器人帮助网络犯罪的案件。这类事件的应对和处理，不仅加强了社会对人工智能技术安全的认识，也促使相关方加强技术安全的研究和管理。

人工智能的治理需要政府、企业、社会组织、公众等多方共同参与。例如，人民智库与旷视 AI 治理研究院成立联合课题组，共同开展"全球十大人工智能治理事件"的遴选、评议等工作。这种多方参与的治理机制，有助于推动人工智能技术的健康发展，确保人工智能技术为社会带来更大的价值和效益。

人工智能全面治理时代是一个充满机遇和挑战的时代。只有加强政策法规的完善、注重伦理道德、保障技术安全、推动多方参与的治理，才能确保人工智能技术的健康发展，为社会带来更大的价值和效益。

11.1 国内外人工智能风险治理政策

为了抢占人工智能产业发展高地，中国、美国、欧盟积极对人工智能技术发展进行政策规划与指导。技术安全是人工智能产业健康发展的基石，为了防范人工智能技术所带来的风险，各经济体结合现实国情，在人工智能相关政策中对人工智能安全与风险治理相关内容均做了政策设计。

11.1.1　国外的人工智能风险治理政策

1. 美国的人工智能风险治理政策

国际隐私专业协会（IAPP）于 6 月发布报告《美国联邦人工智能治理：法律、政策和战略》（"US federal AI governance: Laws, policies and strategies"），探讨了美国联邦人工智能治理现状。

在人工智能法律和政策层面，美国白宫、国会和一系列联邦机构（包括联邦贸易委员会、消费者金融保护局和美国国家标准技术研究院等）出台了一系列与人工智能相关的举措、法律和政策。

（1）美国白宫的人工智能治理政策

美国白宫建立了人工智能战略的基础，为这项新技术提供了诸多法律和政策指引。

联邦人工智能治理政策的里程碑之一是 2022 年 10 月发布的《人工智能权利法案蓝图》。蓝图围绕着安全有效的系统、防止算法歧视、保护数据隐私、通知及说明、人类参与决策制定五项原则展开，为人工智能治理提供了支持框架。

此外，2023 年 2 月，美国的拜登总统签署了《关于通过联邦政府进一步促进种族平等和支持服务欠缺社区的行政命令》，提出要"指示联邦机构根除在设计和使用人工智能等新技术时的偏见，并保护公众免受算法歧视。"

2023 年 5 月下旬，美国科学和技术政策办公室（OSTP）发布了修订后的《国家人工智能研发战略计划》，试图"协调和集中联邦对人工智能的研发投资"。OSTP 还发布了一份信息请求，寻求有关"减轻人工智能风险、保护个人权利和安全以及利用人工智能改善生活"的意见。

（2）美国国会的人工智能治理政策

美国国会以其特有的渐进方式制定人工智能政策。2019 年以前，立法者对人工智能的关注集中在自动驾驶汽车、国家安全领域人工智能的应用等领域。

2021 年 1 月，美国正式颁布《2020 年国家人工智能倡议法案》，旨在确保美国在全球人工智能技术领域保持领先地位，是与人工智能相关的一项重要立法发展。该立法强调要进一步强化和协调国防、情报界和民用联邦机构之间的人工智能研发活动。

为应对人工智能在各个领域日益频繁的使用，美国国会修改了相关法律和政策。例如，在通过《2018 年美国联邦航空局重新授权法案》时，美国国会增加了"建议联邦航空管理局定期审查航空人工智能状况，并采取必要措施应对新发展"的措辞。

为了更好地应对人工智能时代，当前的美国国会也提出了诸多新法案和修法建议，具体如下。

- HR 3044（2023 年 5 月发布）。该法案将修订 1971 年的《联邦选举活动法案》，设定在政治广告中使用生成式人工智能的透明度和问责制规则。

- 众议院第 66 号决议（2023 年 1 月出台）。该决议的既定目标是"确保人工智能的开发和部署以安全、合乎道德、尊重所有美国人的权利和隐私的方式进行，并确保人工智能的益处得到广泛传播，并将风险最小化。"

- 《停止监视法案》（"Stop Spying Bosses Act"），将禁止雇主为了预测其员工行为，而在工作场所使用自动决策系统进行监视。

- 《美国数据隐私和保护法案》（"American Data Privacy and Protection Act"）所定义的"覆盖算法"，将使用机器学习、自然语言处理或人工智能技术的计算过程纳入在内。该法案还规定，如果某些实体"以对个人或群体造成伤害的间接风险的方式"使用上述算法，则应当进行影响评估。另外，只要覆盖算法执行了"单独或部分收集、处理或传输覆盖数据以促进相应决策"的操作，该实体就需要记录"算法设计评估"过程以减轻风险。

- 《过滤气泡透明度法案》（"Filter Bubble Transparency Act"）将适用于使用"算法排名系统"的平台。

- 《消费者在线隐私权法》（"Consumer Online Privacy Rights Act"）将源自人工智能的计算过程纳入"算法决策"的定义范围内。

（3）联邦机构的人工智能治理政策

事实上，每个联邦机构都在联邦政府内部以及较小程度上围绕商业活动推进人工智能治理战略。

国家标准与技术研究院（NIST）率先于 2019 年 8 月针对 EO 13859 发布了报告《美国在人工智能领域的领导地位：联邦参与开发技术标准和相关工具的计划》。该报告确定了人工智能标准的重点领域，并在"美国 NIST 人工智能风险管理框架"中提出了一系列推进国家人工智能标准制定的建议。

2020 年年中，联邦贸易委员会（FTC）参与到人工智能治理、监管和执法中来。其发布的指南强调了 FTC 对公司使用生成式人工智能工具十分关注，规定公司使用生成式人工智能"有意或无意、不公平或欺骗性地引导人们在财务、健康、教育、住房和就业等领域做出有害决定"的行为受到 FTC 监管。

2023 年 4 月，FTC 与美国消费者金融保护局（CFPB）、司法部（DOJ）民权司、平等就业机会委员会（EEOC）发表联合声明，承诺将大力执行法律和法规，监督人工智能等技术的发展与使用。

与此同时，美国国家电信和信息管理局（NTIA）发布《人工智能问责制政策征求意见稿》，征求公众对"支持发展人工智能审计、评估、认证和其他机制以建立对人工智能系统的信任"的政策的反馈。

（4）美国人工智能治理的立法趋势

在世界各地，尤其是在美国，围绕人工智能治理的最紧迫问题，主要涉及现有法律对新技术的适用性。回答这个问题将是一项艰巨的任务，涉及法律修改和技术复杂性。美国现阶段人工智能监管的侧重点在于更多地弄清楚现有法律如何适用于人工智能技术，而不是颁布和应用新的、专门针对人工智能的法律。

例如，FTC 多次表示，FTC 法案第 5 条禁止不公平或欺诈行为适用于人工智能和机器学习系统。FTC 在其《关于使用人工智能和算法的商业指南》中也对 1970 年的《公平信用报告法》和 1974 年的《平等信用机会法》做了解释，称"两者都涉及自动化决策，金融服务公司一直在将这些法律应用于基于机器的信贷几十年来的承销模式。"

2．欧盟的人工智能风险治理政策

2023 年，《人工智能法案》授权草案在欧洲议会高票通过，正式进入最终谈判阶段。若成员国投票顺利，草案预计 2024 年生效。

《人工智能法案》授权草案以风险为逻辑主线，规定了严格的前置审查程序和履行合规义务，重点对具有高风险的人工智能产品和服务实施治理，要求人工智能公司对其算法保持人为控制，向监管机构提供技术文件，并为"高风险"应用建立风险管理系统。该草案提出人工智能禁令，被禁止的风险分别包括利用人的潜意识、利用特定群体的脆弱性、社会信用分级以及实时的远程生物识别技术。其中，实时远程生物识别技术的禁用意味着一般公司不得再利用人工智能技术在欧盟国家的公共场合进行人脸识别。此外，欧盟立法者对人工智能基础模型、可以构建其他人工智能系统的大型语言模型作出严苛的限制。法案特别加强惩罚力度，对于违法行为，可处以开发者高达全球年营业额的 6%或 4500 万欧元的巨额罚款。

《人工智能法案》从技术稳健性和安全性、隐私和数据治理、透明度、多样性、非歧视和公平以及社会和环境福祉出发，构建全面系统的诸项机制，并要求欧盟成员国设立监督机构，以确保这些规则得到遵守。

《人工智能法案》授权草案强调人工智能规范的道德属性是其突出特点之一。该草案明确指出，"促进以人为本和可信任人工智能应用，并保证对于健康、安全、基本权利、民主以及法治的高度保护"，人工智能可能导致虐待和有害影响，应予禁止，因为违背了欧盟尊重人类尊严、自由、平等、民主和法治的价值观以及欧盟的基本权利，包括不受歧视的权利、数据保护和隐私以及儿童权利。

11.1.2　我国的人工智能风险治理政策

近年来，AIGC 技术的迅速崛起为社会经济发展注入了新的活力。随着这一技术的广泛应用，各行各业开始关注并涌现出大量的 AIGC 相关创业项目和应用。与此同时，虚假信息、侵犯个人信息权益、数据安全和偏见歧视等一系列问题也随之出现。

为了应对这些挑战，我国政府在 2023 年 7 月发布了《生成式人工智能服务管理暂行办法》，这标志着全球首部针对 AIGC 领域的监管法规的诞生。为了构建一个全面且多层次的规范治理体系，我国还在科技、网络安全、个人信息保护、互联网信息等多个方面制定了一系列法律、行政法规和规范性文件，为 AIGC 的发展提供了坚实的法律保障。

在 AIGC 监管方面，我国采取了以下措施。

《中华人民共和国个人信息保护法》于 2021 年 11 月 1 日正式施行，其中包括一些关于人工智能的规定，如禁止将个人信息用于违法活动和侵害个人权益，要求人工智能决策的透明和可解释性等。《中华人民共和国数据安全法》于 2021 年 9 月 1 日正式施行，其中包括一些关于人工智能的规定，如要求加强对人工智能相关数据的安全保护和管理等。《中华人民共和国网络安全法》第 22 条规定了网络运营者应当采取技术措施和其他必要措施，防止和减少网络安全事件的发生，其中包括使用人工智能等技术手段。

《互联网信息服务算法推荐管理规定》于 2022 年 3 月 1 日生效，其中要求算法推荐服务提供者应当建立健全算法机制机理审核，应当定期审核、评估、验证算法机制机理、模型、数据和应用结果等，不得设置诱导用户沉迷、过度消费等违反法律法规或者违背伦理道德的算法模型。此外，该规定还要求算法推荐服务应当向网信部门完成备案：具有舆论属性或者社会动员能力的算法推荐服务提供者应当在提供服务之日起 10 个工作日内通过互联网信息服务算法备案系统填报服务提供者的名称、服务形式、应用领域、算法类型、算法自评估报告、拟公示内容等信息，履行备案手续。《互联网信息服务深度合成管理规定》于 2023 年 1 月 10 日生效，是 AIGC 领域最为核心的监管规定。该规定明确，深度合成服务提供者应当采取技术或者人工方式对深度合成服务使用者的输入数据和合成结果进行审核，以及要求提供智能对话、合成人声、人脸生成、沉浸式拟真场景等生成或者显著改变信息内容功能的服务的，应在生成或者编辑的信息内容的合理位置、区域进行显著标识，向公众提示深度合成情况。

国家新一代人工智能治理专业委员会发布了《新一代人工智能伦理规范》（以下简称《伦理规范》），旨在将伦理道德融入人工智能全生命周期，为从事人工智能相关活动的自然人、法人和其他相关机构等提供伦理指引。《伦理规范》提出了人工智能管理、研发、供应、使用等特定活动的 18 项具体伦理要求。此外，全国信息安全标准化技术委员会秘书处组织编制了《网络安全标准实践指南：人工智能伦理安全风险防范指引》，为组织或个人开展人工智能研究开发、设计制造、部署应用等相关活动提供指引。

2022 年 3 月，国家药监局医疗器械技术审评中心发布了《人工智能医疗器械注册审查指导原则》，进一步规范人工智能医疗器械全生命周期过程质控要求和注册申报资料要求，同时提出第三方数据库也可开展算法性能评估，并明确了第三方数据库在权威性、科学性、规范性、多样性、封闭性、动态性方面的专用要求。为进一步加强人工智能医用软件类产品监督管理，推动产业高质量发展，国家药监局组织制定并正式发布了《人工智能医用软件产品分类界定指导原则》（下文简称《指导原则》）。在该《指导原则》中，药监局对人工智能医用软件明晰了定义，即指"基于医疗器械数据，采用人工智能技术实现其医疗用途的独立软件。含人工智能软件组件的医疗器械分类界定可参考本原则。"同时也对医疗器械数据做出明确定义，指"医疗器械产生的用于医疗用途的客观数据，特殊情形下可包含通用设备产生的用于医疗用途的客观数据。"此外，《指导原则》对管理属性和管理类别还进行了界定。器审中心发布了《深度学习辅助决策医疗器械软件审评要点》，明确通用深度学习辅助决策医疗器械软件的审评范围，并提出基于风险的全生命周期监管方式。

2022 年 9 月 22 日，上海市十五届人大常委会第四十四次会议表决通过《上海市促进人工智能产业发展条例》，该条例于 2022 年 10 月 1 日起施行。深圳公布了全国首部人工智能产业专项立法《深圳经济特区人工智能产业促进条例》，该条例自 2022 年 11 月 1 日起实施。2021 年 11 月 25 日上海市第十五届人民代表大会常务委员会第三十七次会议通过了《上海市数据条例》，该条例于 2022 年 1 月 1 日起施行。

综上所述，我国在 AIGC 监管方面已经建立了较为完善的法律体系，为技术的健康发展提供了有力保障。未来，我国将继续完善相关法律法规和标准体系，加强监管力度和执法力度，推动 AIGC 技术的合规应用和发展。

11.2　国内外与人工智能相关的法律法规

11.2.1　国外与人工智能相关的法律法规

1．美国的相关法律法规

美国《人工智能风险管理框架》（AI RMF）1.0 版美国国家标准与技术研究院于 2023 年 1 月发布了《人工智能风险管理框架》（AI RMF）1.0 版，旨在指导机构组织在开发和部署人工智能系统时降低安全风险，避免产生偏见和其他负面后果，提高人工智能可信度。早在 2016 年，美国就颁布了《国家人工智能研究与发展战略规划》和《为人工智能的未来做好准备》两个国家级框架性、促进性而非管制性、约束性的文件，并在近年来不断更新。两个政策框架旨在积极促进人工智能技术发展和科技创新。针对人工智能技术带来的挑战，文件只是提出了原则性的应对方法。

2．欧盟的相关法律法规

欧盟通用数据保护条例（General Data Protection Regulation，GDPR）由欧盟于 2016 年 4 月推出，并于 2018 年 5 月 25 日正式生效，其目的在于遏制个人信息被滥用，保护个人隐私。GDPR 在欧盟法律框架内属于"条例"，已经在欧洲议会（下议院）和欧盟理事会（上议院）通过，可以直接在各欧盟成员国施行，不需要各国议会通过。目前欧盟的成员国中大约有 5 亿人可以直接得到 GDPR 的保护。值得一提的是，英国也同样批准了 GDPR，并且在相同时间开始正式推行。

欧盟《数据治理法案》在 2022 年 6 月生效。该法案是在《欧洲数据战略》的框架下提交的一项法律草案。《数据治理法案》整体而言，以制度创新为重点，以鼓励数据共享，提升数据使用效率，促进数据资源流动和使用，以达到更高的公共政策目的。《人工智能法案》条例草案于 2021 年 4 月由欧盟委员会提出。这被视为欧盟在人工智能以及更广泛的欧盟数字战略领域的里程碑事件，只不过提案的推进并没有想象中顺利，欧洲议会议员们尚未就提案基本原则达成一致。《可信赖人工智能伦理准则》于 2019 年发布，这些指导方针包含七方面：人类活动与监管、科技稳健与安全、隐私权与资料管理、透明度、多样性和非歧视与公平、社会与环境福祉、问责。

3. 英国的相关法律法规

《促进创新的人工智能监管方法》白皮书 2023 年 3 月发布，概述了人工智能治理的 5 项原则，提出了人工智能治理方法，以为企业和群众对人工智能的使用提供信心，为行业提供具有确定性、一致性的监管方法。在本白皮书中，英国提出了人工智能在各部门的开发和使用中都应遵守的五项原则，日后将由各监管部门根据具体情况在该五项原则的基础上对各领域的最佳实践发布指南。同时白皮书指出，为鼓励人工智能的创新，并确保能够对日后产生的各项挑战作出及时回应，将不会在当前对人工智能行业进行严格立法规制。此外，白皮书特别强调政府和行业、企业等多主体开展协同治理的重要性，以及加强人工智能治理全球合作和互操作性的重要性。

4. 加拿大的相关法律法规

2022 年 6 月，加拿大发布《人工智能和数据法案》，该法案旨在规范国际及省级之间的人工智能系统交易，规定：应当采取措施，降低由高影响人工智能所引起的伤害和输出偏差；公开有关人工智能的公共信息；授权创新、科技和工业部门制定与人工智能系统相关的政策，并对"持有或使用非法获取的个人信息"作出相应的禁止，以保护数据的隐私，以达到设计、开发、使用或提供人工智能系统的目的。

5. 德国的相关法律法规

德国《自动驾驶法案》于 2021 年 7 月发布，其目的是为无人驾驶技术的商业应用提供法律基础和管理框架。该法案的亮点之一是为 L4 级别的无人驾驶车辆在高速公路上的特定路段正常运行提供了合法依据，并对相关的技术要求，行驶条件，数据处理等作出了明确的规定。同时，该法案还为"无人驾驶特性"设立了技术监察系统。

11.2.2　我国与人工智能相关的法律法规

我国数据安全法律体系形成了以《国家安全法》为总纲、《网络安全法》《数据安全法》和《个人信息保护法》三部法律为基础的法律监管体系，并以一些部门、行业规章以及政策性文件等作为补充的体系架构，如图 11-1 所示。

目前，我国多个省市公布了相关数据条例。贵州、天津、海南、山西、吉林、安徽、山东、福建、黑龙江和辽宁出台了大数据条例，深圳、上海、重庆和浙江出台了数据条例，例如《浙江省公共数据条例》《贵州省大数据发展应用促进条例》《深圳经济特区数据条例》

《上海市数据条例》《福建省大数据发展条例》等。

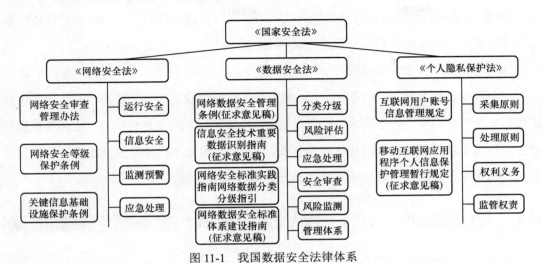

图 11-1　我国数据安全法律体系

我国以上法律法规的实施具有重大意义，主要体现在以下几个方面。

（1）数据的监管实现了有法可依

随着近些年数据安全热点事件的出现，如数据泄露、勒索病毒、个人信息滥用等，都表明对数据保护的需求越发迫切，因此有必要单独出台一部针对数据安全保障领域的法律来加强对数据的监管。

（2）提升了国家数据安全保障能力

数据安全是国家安全的重要组成部分，目前随着"大物云智移"等新技术的使用、全场景、大规模的数据应用对国家安全造成严重的威胁，因此，为有效提升数据安全的保障能力，需要法律来有效维护数据安全。

（3）促进了数字经济发展创新

数据作为在数字经济时代的关键生产要素，其自身具有很大的经济价值。《数据安全法》的发布标志着国家鼓励数据依法合理有效利用，保障数据依法有序自由流动，促进以数据为关键要素的数字经济发展。

（4）扩大了数据保护范围

《数据安全法》中的数据指任何以电子或者非电子形式对信息的记录，其中包括电子数据和非电子形式的数据。这就对数据安全保障的范围提出了更广泛的要求，同时对数据的保护也更加完善。

（5）以数据开发利用促进数据安全

《数据安全法》鼓励数据依法合理有效利用，保障数据依法有序自由流动，促进以数据为关键要素的数字经济发展，增进人民福祉。

（6）深化数据安全体制建设

在大数据时代背景下，政务、社会、城市数字化转型快速发展。依据相关法律法规建立数据安全管理制度，能够明确数据责任主体，从统一化及可落地性出发，结合现有数据业务建设需求和建设情况全面优化管理体制，从而为我国数字化转型的健康发展提供法治保障，为构建智慧城市、数字政务、数字社会提供法律依据。

讨论：人工智能治理人人有责，你认为应该如何做？

要点 1：透明度与可解释性。人工智能系统应该是透明的，用户和开发者能够了解该系统的运作方式。提高可解释性有助于理解人工智能相关决策的基础依据，从而增加人们对这些决策的信任。

要点 2：隐私保护。任何使用个人数据的人工智能系统都应遵循隐私法规和道德标准，确保数据安全和隐私保护。

要点 3：公平性与防止歧视。确保人工智能系统在决策和预测时不偏袒特定群体，避免因种族、性别、年龄等因素引起的歧视问题。

要点 4：监管与政策制定。政府和国际组织应制定明确的法规和政策，以监管人工智能技术的发展和应用，保障社会的整体利益。

要点 5：伦理审查。对于涉及道德和伦理问题的应用，需要进行严格的伦理审查，确保技术的应用符合社会价值和道德标准。

要点 6：人工智能教育。推动公众对人工智能的理解和认知，提高人们对其潜在影响的认识，以便更好地参与决策和讨论。

要点 7：国际合作。人工智能跨足国界，需要国际合作来制定全球性的治理标准，避免技术的滥用和不当竞争。

要点 8：责任追究。在人工智能系统出现问题或错误时，应该追究开发者和使用者的责任，确保技术的安全和可靠性。

要点 9：社会参与。让更多的利益相关者参与到人工智能治理的过程中，包括开发者、用户、学者、政府等，共同制定治理原则和决策。

要点 10：持续监测与改进。人工智能技术不断发展，治理也应与时俱进。持续监测技术的发展和应用，及时调整治理策略。

习　　题

11-1　风险社会理论中，风险的全球性和风险的隐蔽性与复杂性分别有哪些特征？

11-2　人工智能风险治理的理论基础的核心原则有哪些？

11-3　美国在人工智能风险治理方面采取了哪些政策措施？

11-4　中国人工智能治理中的治理主体有哪些？治理主体参与平衡度如何？

11-5　简述我国的人工智能治理政策。

参考文献

[1] 魏进锋. 一本书读懂 ChatGPT[M]. 北京: 电子工业出版社, 2023.

[2] 李滢. 智慧城市中大数据时代下物联网技术的运用[J]. 互联网周刊, 2023(01): 74-76.

[3] 杨音. 互联网时代下的智能家居在未来居住室内空间设计中的应用与发展研究[J]. 上海包装, 2023(01): 84-86.

[4] 许雪晨, 田侃, 李文军. 新一代人工智能技术（AIGC）：发展演进、产业机遇及前景展望[J]. 产业经济评论, 2023(04): 5-22.

[5] 邵昱. ChatGPT 工作原理及对未来工作方式的影响[J]. 通信与信息技术, 2023(04): 113-117.

[6] 王铁胜. 计算机视觉技术的发展及应用[J]. 信息系统工程, 2022(04): 63-66.

[7] 程增木. 特斯拉自动驾驶软件系统解析[J]. 汽车维修与保养, 2022(01): 33-35.

[8] 蒋昌俊. 大智能：大数据+大模型+大算力[J]. 高科技与产业化, 2023, 29(05): 16-19.

[9] 陈勇进, 罗淇雯. 以 AI 相伴，智启未来！智慧生活新"享"法[J]. 厦门科技, 2022(01): 41-42.

[10] 丁海涛. 基于用户画像的个性化搜索推荐系统[J]. 电子技术与软件工程, 2020(16): 161-162.

[11] 王运武, 于长虹. 智慧校园：实现智慧教育的必由之路[M]. 北京：电子工业出版社, 2016.

[12] 杨红云, 雷体南. 智慧教育：物联网之教育应用[M]. 北京：华文出版社，2016.

[13] 李源, 董童. 5G 智慧教室走进国家 开放大学[EB/OL]. 人民网, (2021–06–24)[2024-05-23].